朝日新聞出版

暮らしvlog、はじめましょう

vlog（ブイログ）って知っていますか？

video（ビデオ）とblog（ブログ）を合わせたもので、いわゆるブログの動画バージョン。

旅や料理、趣味など、身近なことや好きなことを動画にしたものです。

そんなvlogの中でもおすすめなのが、「暮らしvlog」。

何気ない日々の暮らしを映像にして、文字やBGMとともに紹介する動画です。

YouTubeには暮らしvlogがたくさんあり、私たちを楽しませてくれます。

そんな暮らしvlog、あなたもはじめてみませんか？

手持ちのスマホやカメラで撮影し、動画編集ソフトで編集したら、YouTubeにアップするだけ。

難しそうに思えるけど、実は簡単にできて楽しいのです。

本書は、暮らしvlogをはじめてみたい人に向けて、撮影や編集、投稿の基本的なところを紹介。

この一冊でvlogをYouTubeに投稿するまで、まるごと完了します。

そして、撮影も編集も慣れてくると、自分なりのやりやすい方法が見つかるはず。

自由にいろいろ試して、自分だけの暮らしvlogを作ってみてください。

暮らしをつづる

畳んだタオル
毎朝の風景

特別なことでなくても、いつものごはん、いつもの家事、いつもの散歩道……。
そんな暮らしを動画にしましょう。「暮らす」こと自体が楽しくなります。

いつもの
掃除時間

コロコロがけはテンポよく

拭き掃除は、ものと向き合う時間

はたきがけは上から順に

掃除のスケジュールはノートにまとめて

常備菜を作る

大好きな鰯の梅煮

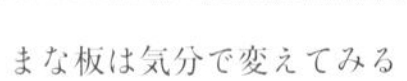

まな板は気分で変えてみる

ほっと安心するわが家の味

毎日、常備菜に助けられている

お菓子作りは特別な時間

成功したかな？

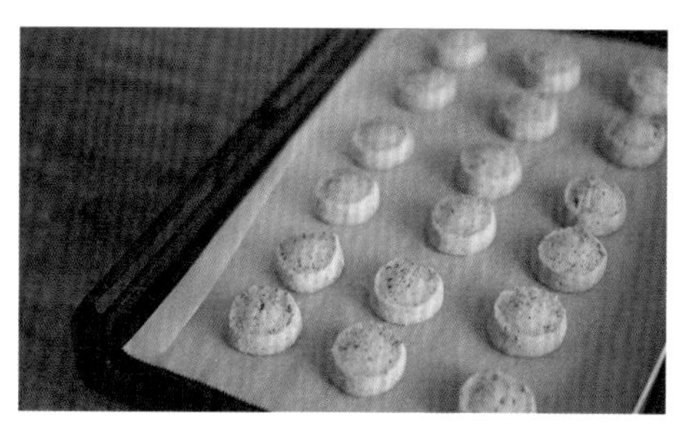

ハーブ香るアイスボックスクッキー

お菓子作り

おやつのストックがあると
暮らしが豊かになる

豆がしっかり膨らむと
うれしくなる

珈琲でのんびり時間

散歩のお供を準備中

出かけよう

川散歩を楽しむ

いつ見ても
飽きのこない景色

クッキーと珈琲を
お供に過ごす

今日もよい日

いつもと違う道
ふとした発見も

ささやかな日々が一番の
幸せに感じる

今日もみなさまにとって
素敵な一日となりますように

CONTENTS

Chapter 3

POSTING

動画を投稿しよう

Chapter 4

WATCHING

人気vlogから学ぼう

Column

暮らしvlogの流れ

構成

THINKING

撮影に入る前に大まかなテーマを決めておくとスムーズです。たとえばメインテーマはこれ、サブテーマはこれとあれといった感じ。箇条書き程度のメモにまとめるといいでしょう。

撮影

SHOOTING

テーマに沿って撮影します。「撮影」と気負わず、家事をしながら、ごはんを食べながらなど、生活しながらついでに撮影するという感覚だと負担になりません。数日かけて撮るのでもOK。

編 集
EDITING

動画編集ソフトを使って、撮った素材を並べたり、カットしたり、音量や色を調整したりします。文字やBGMも入れて楽しい動画に仕上げましょう。暮らしvlogなら10分程度の長さに。

投 稿
POSTING

作った動画をYouTubeにアップロードし、公開します。タイトルや説明、サムネイルなどにこだわると、多くの人に見てもらえるようになります。登録者数アップを目指しましょう。

用意するもの

1

カメラ

デジタル一眼レフ、コンパクトデジカメ、ビデオカメラなど。まずは手持ちのものからはじめてみましょう。vlogに特化した専用のカメラも販売されています。なお、レンズにこだわるのは慣れてからでOKです。

2

スマートフォン

初心者なら、スマホで撮影するのが一番手軽です。撮影から編集、YouTubeへの投稿まで、スマホだけで行うこともできます。実際、スマホ派の人気vloggerもたくさんいます。タブレットでも代用可能です。

3

パソコン

撮影した動画素材はソフトを使って編集し、投稿まで行います。現在使っているパソコンがあれば、それではじめるので十分です。また、スマホアプリで編集して投稿することもでき、その場合､パソコンは不要です。

4

三　脚

暮らしvlogの動画は、基本的には三脚を使って固定した状態で撮影します。ハンドルを回して高さの微調整ができるものが便利。しっかり安定したものを選びましょう。スマホの場合も三脚で固定するのが基本です。

あると便利なもの

1

外づけハードディスク

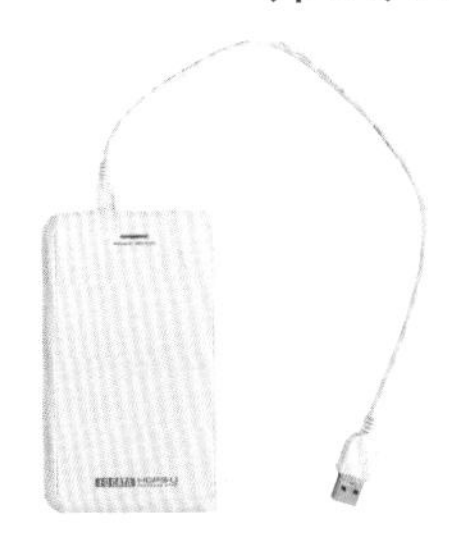

動画がパソコン内に多くたまると、パソコンの性能によっては動作に影響することもあります。撮った動画素材や編集した動画は、必要に応じて外づけハードディスクに保存しておくといいでしょう。

2

記録メディア

SDカードなどもできれば用意。容量は可能なら128GBか、最低でも64GBのものを。スマホの場合、iPhoneはこまめにパソコンに転送するかクラウドストレージサービスを使う、Androidならmicro SDなどで。

3

マイク

暮らしvlogの場合、ナレーションはあまり入ってこないので、マイクはなくてOKです。撮影に慣れてきて、より本格的に撮りたくなったらマイクを。料理中の音や足音、ペットの声などをクリアな音で録音できます。

4

その他

外での撮影のときは手ブレ補正機能つきのカメラがおすすめです。小型のものだと、持ち歩く際に負担になりません。スマホの場合は、手ブレを抑えてくれる外づけのスタビライザーなどがあってもいいでしょう。

* 本書制作にあたって使用したパソコンはmacOS11.4、スマートフォンはiPhone7のios14.4.2です。これら以外のバージョンやエディション、機器、ソフトウェア、アプリ等（使用したソフトウェアやアプリについてはP48、P72に記載）では動作や画面が異なる場合があります。

* 本書に掲載しているサービス、製品、アプリケーションおよびソフトウェアなどの情報は2021年8月現在のものです。これ以降の仕様変更には対応しておりません。解説中の操作プロセスや画面、URL、QRコードなどについて予告なく変更される場合があります。

* 本書に記載された内容は情報提供のみを目的としています。本書を用いた運用はお客様自身の責任と判断によって行ってください。これらの情報の運用の結果について、当社はいかなる責任も負いません。なお、本書の範囲を超える質問にはお答えできませんので、あらかじめご了承ください。

* 本書に記載した会社名、プログラム名、システム名などは、米国およびその他の国における登録商標または商標です。本書では™や®などのマークは省略しております。通称またはその他の名称で表記していることもあります。

* 本書の内容に基づく運用によって生じたハードやソフトウェアの故障、データの不具合など、いかなるトラブルにつきましても当社は責任を負いません。

Chapter 1

SHOOTING

動画を撮ろう

CHECK 撮影のポイント

カメラ、スマホに共通する撮影のポイントです。まずは基本的なことを頭に入れてから撮影することで、素敵なvlogになります。

尺は長めに撮る

ひとつのカットの尺は静止画などの短いもので10秒くらい、長いもので5分くらいを目安に。雑音が入っていたなどの場合に備え、短く使う場面でもやや長めに撮影します。

同じシーンでさまざまな撮り方を

／引きで全体を／

／ぐっと寄って／

／正面からも／

同じシーンでも強調したいところは、カメラの位置を3カ所くらい変えて撮影。引きと寄りを撮るほか、真上から、真横から、斜め上からなど、カメラの角度を変えたものも。

カットは多めに

カットは多めに撮って組み合わせると、動画にリズムが生まれ、飽きさせません。撮影時に「使わないかも」と思っても、念のために撮影しておくと安心です。あとで活躍してくれることも。

カットを分けて撮る

たとえばコーヒーをドリップしていれる映像なら、真横から、上から、アップといった感じで分けて撮ります。その都度カメラを止めることで、素材が重くなりすぎるのを防ぐ目的もあります。

三脚で固定して撮る

暮らしvlogは家の中で撮ることが多いもの。映像がブレないよう三脚に固定して撮り、撮影中はカメラを動かさないようにします。素敵な映像でもブレていると台なしです。

動きのあるカットと静止画を撮る

動きのあるカットと静止画をバランスよく入れることで、動画にメリハリがプラスされます。静止画はでき上がった料理や器、食材など、ものをしっかり見せたいときに活躍。

休憩カットも撮る

休憩カットは動画の流れとは直接関係ないもので、ものやインテリア、植物、風景など。休憩カットがあると、癒される動画に。日付が変わったなど、時間の経過を表すのにも。

水平を確認する

「水準器」は水平であることを確認するためのもの。撮影前に水準器で水平を確認しましょう。水準器は三脚についていたり、カメラのファインダー内に入っていたりします。

設定

初心者のうちは特別な設定は必要ありませんが、知識として解像度やファイル形式などを知っておくと安心です。

カメラ

基本的にはオートフォーカス、オート設定での撮影からはじめればOK。最近のカメラはオートでもかなりきれいに撮ることができます。撮影に慣れてきたら、マニュアルフォーカスにして注目させたい部分にピントを合わせたり、色みなどの設定をしたりしてもいいでしょう。

スマートフォン

機種にもよりますが、一般的には「設定」→「カメラ」→「ビデオ撮影」で画質を選択。また、「設定」→「カメラ」→「フォーマット」でフォーマットを選択できます。パソコンで編集するなら「互換性優先」を選びます。動画撮影中は機内モードにしておくと、動画撮影に集中できます。

解像度

解像度は1インチあたりのピクセル数（画素数）で表し、数が大きいほどきれいな画像になり、データが重くなります。YouTubeに投稿する場合は「フルHD（1080×1920px）」がおすすめで、地上デジタル放送のサイズです。

フレームレート

1秒間に画像が何枚切り替わるかを表したもの。より多くの画像が切り替わるほど動画はなめらかに見えます。24fpsは映画、30fpsはテレビ、60fpsはスポーツなどの映像に使われます。vlogの場合は24fpsでOK。

ファイル形式

AVIやMP4、MOVなど、さまざまなファイル形式があります。使っているカメラやスマホで録画形式はだいたい決まっているので、あえて設定変更をする必要はなく、そのまま使います。よく使われるのはMP4とMOVです。

光

光によってやさしい印象の映像になったり、シャープな雰囲気になったり……。光をコントロールすることで映像がぐんと素敵になります。ただし、暮らしvlogの場合は生活しながら撮影するので、光を少し意識する程度で十分。気にしすぎる必要はありません。

自然光で撮る

きれいな映像のためには、日中、自然光の中で撮影するのが一番手軽。自然な色みの映像になります。蛍光灯や電球の光が混ざると色合いに影響するので、照明は消しましょう。

料理や食材は半逆光で

料理や食材などを撮るときは、光が被写体の斜め後ろからあたるように撮るとおいしそうに映ります。また、窓際など、できるだけ明るい光の中で撮ることもポイントです。

同じシーンで光を変えて撮る

同じ場面でも強調したいところは、順光バージョン、半逆光バージョンなど、光を変えて数カット撮影してみましょう。光のあたり方が異なり、映像を組み合わせたときにリズムが生まれます。

夜は暗さを生かす

夜は暗さを生かして雰囲気のある映像に。ただし、調整できるカメラなら、暗い場所でも明るく撮れるようISO感度の数値を上げましょう。上げすぎると画質が粗くなるので注意。

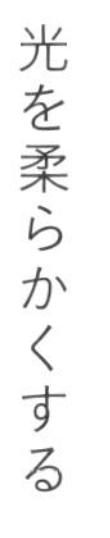

光を柔らかくする

直射日光があたるなどで光がかたいと、陰影がくっきり出ます。やさしい雰囲気の映像にしたいなら、レースのカーテンや障子を閉めるなどで、光を柔らかくするのがおすすめです。

アングル

被写体に対してカメラをどの位置に置くかは重要。真上から、斜め上から、水平に、下から見上げてなど、さまざまなアングルがあります。ファインダーやモニターで確認しながら撮りましょう。いろいろなアングルで撮った映像を組み合わせるのがおすすめです。

／真上にレンズ＼

真上から

ものなどは上から見下ろして撮ることが多くなります。真上からのアングルを「真俯瞰（まふかん）」と言い、奥行がなくなることで、おもしろみが生まれます。ボウルの中を映すときなどにも有効で、中がよくわかります。

低い位置から

ライトや家具の上など被写体を下から見上げるように撮るアングルも、ときには試してみたいもの。高いところにあるものでなくても、カメラを低い位置に置き、いつもと違う目線で撮ると新鮮な映像になります。

斜め上から

斜め少し上からの映像は自然で、側面も上の面も映るので、わかりやすいアングル。とくに手もとの動きは斜め上から撮ることで、何をしているのか動作を伝えやすくなります。

＼正面にレンズ／

水平に

水平の位置から被写体を映すと、視聴者が一緒の空間にいて眺めているような映像に。違和感なく、落ち着きます。顔を映したくない場合は、カメラの高さに注意しましょう。

引き＆寄り

引きで全体の状況がわかるような映像を、寄りで注目させたい部分をといったように、引きと寄りをセットにするのが基本です。たとえば、引きでお菓子を作っていることがわかるように、寄りでどんな材料を使い、どう作っているかを見せるという感じです。

引き

全体を見せたいとき、また、生活をしているという自然な動きや様子を伝えたいときなどは、引きで撮りましょう。引きぎみに全体を撮ることで、部屋の空気感を伝えることもできます。

寄り

ものの色み、食材を混ぜている音、シズル感、素材感を伝えたいときなどには寄りで撮るのがおすすめです。ズームレンズやズーム機能は使わず、近づいて撮影するほうが自然な映像になります。

同じシーンで引きと寄りを撮る

意識しないと寄りの映像ばかり、引きの映像ばかり撮っていたということもありがちです。同じシーンで引きと寄りの両方を撮るのは基本です。ほかにも、ぐっと寄ったものを撮ってみてもいいでしょう。

悪目立ちする色みは除く

できるだけ普段のままを撮るのがいいのですが、余計な情報や絵的に悪目立ちする色みは避けたいもの。たとえば原色使いの食品や洗剤のパッケージ、キャラクターものなどは、引きで撮る場合に注意しましょう。

構図

何を見せたいか、どんなふうに表現したいかによって構図を考えましょう。とくに要素が多いときは主役を決めてから脇役を配置すると、構図を決めやすくなります。迷ったときは、好みのvlogを見て参考にするのもおすすめ。文字が入るスペースも考えましょう。

主役を決める

何を見せたいか、映像の主役が何であるかがひと目でわかるような構図を探しましょう。一番見せたいものを決めたら、それが引き立つように、まわりにものを置きます。

どこかに余白を作る

余白があることで広がりを感じさせ、バランスのよい構図になります。意識して余白を作りましょう。ただし、すべてのカットに余白が必要というわけではないので、ほどほどに。

文字が入るスペースを意識

ナレーションの入らないvlogはテロップで説明を補うので、文字を入れる位置を考えながら撮るのがおすすめ。とくに白い文字を使うときは、文字がはっきりするような暗めの余白を。

日の丸構図もあり

被写体をフレームの中心に配置するのが「日の丸構図」。平凡すぎておもしろみがないと言われますが、被写体の大きさや背景とのバランスを意識して撮れば、素敵な構図になります。

画面を9分割する

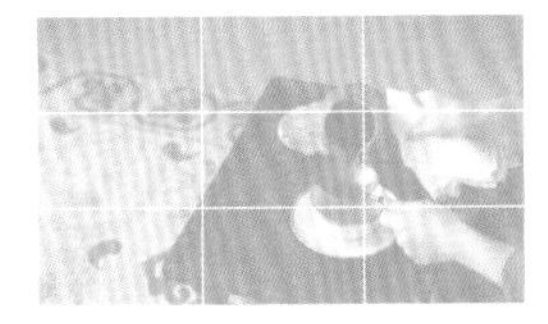

画面を上下左右に3分割するように線を入れたとき、線のいずれかの交点に被写体が入るようにすると、バランスよくなります。線は水平の確認にも活躍。

音

暮らしvlogはナレーションが入るパターンは少なく、生活音や会話がたまに入る程度という場合が多いもの。なかでも、ときどき聞こえる生活音は動画を引き立てます。なお、動画を編集するときに録音された音はあとで調整できるので、撮影する際は気楽に。

生活音を生かす

包丁の音や鍋がコトコトする音、足音など、生活音が流れることで臨場感が生まれ、動画の魅力がアップします。生活音がうまく録音できるよう、撮影時はできるだけ無音で行いましょう。

＼ コポコポコポコポ～ ／

＼ ザッ～ザッ～ザッ～ ／

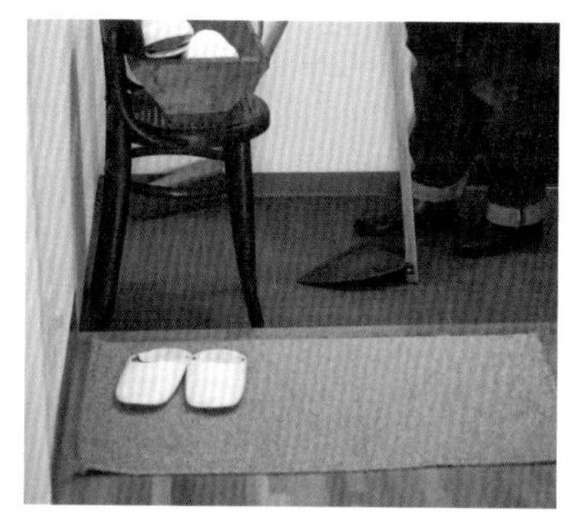

＼ トントントントン～ ／

＼ パチパチパチパチ～ ／

▷ 無音で動画を撮る

家の外の車通りが激しい、信号機や電車の音が聞こえる、風が強いなど、動画を撮影するときにまわりの音が邪魔になることがあります。とくにデジタル一眼レフは余計な音を拾いがち。雑音が入らないようなタイミングで撮影しましょう。また、音楽をかけたり、テレビやラジオをつけたりせず、できるだけ音のない状態で撮影します。著作権の関係もあるので、基本、音楽を流すのはNGです。窓を閉めたり、エアコンや換気扇など音の出るものを止めたりするのも有効です。

ただ、普通に暮らしながら撮影するなら、無理のないように。撮影のために我慢の時間を過ごすのでは心地よくないし、長続きもしません。編集時に録音した音を小さくしてBGMをかぶせるなど、いらない音をうまく消すこともできます。もちろん、音自体を消すことも可能です。

一方、心地よい生活音なら大歓迎。生活音がたまに聞こえると臨場感がプラスされ、楽しい動画になります。たとえば、フライパンで肉をジュ〜ッと焼く音。動画でにおいや味までは表現できないものの、映像と音からおいしそうな様子を伝えられます。ほかにも、包丁の音、鍋で煮物を作る音、揚げ物の音、「乾杯〜」とグラスをあてる音、食器を洗う音、洗濯物をたたいて干す音、文字を書く音、足音、雨の音……と、いろいろあります。笑い声や話し声もいいスパイスになりますね。

▷ 内蔵マイクで十分

音にこだわりたい、きれいな音を録りたいなら外部マイクという方法もあります。クリアな音が録音できるでしょう。ただし、初心者のうちは内蔵マイクで十分です。もし雑音などが入った場合は、音だけを使う前提で別途録画や録音をし、編集であとから音だけ差し替えることもできます。

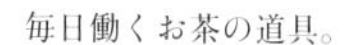
毎日働くお茶の道具。

猫に出会うと後を追ってしまう。

休憩カット

「インサート（挿入）カット」とも呼ばれる休憩カット。カットとカットのつなぎになる、動画が冗長になるのを防ぐ、場面が展開したことを伝えるなど、いろんな効果が期待できます。休憩カットは短いもので十分。日ごろから撮りためておくのもおすすめです。

日々の記録は小さな机から。

季節の花を眺める心穏やかな時間。

ありのままを撮る

ちょっとした暮らしの景色を切りとって小休止的に入れると、動画のアクセントになります。ポイントは、わざとらしくしないこと。あえて作り上げたものではなく、自然のままを意識して撮るといいでしょう。

時を経た古いものたち。

木製品や器の乾かし場所。

洗濯物を畳むのは朝家事の最後。

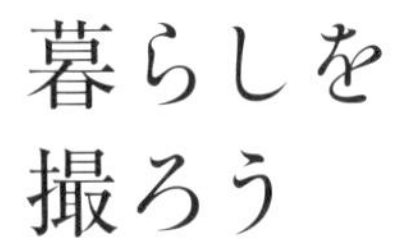

暮らしを撮ろう

　ついつい見入ってしまう素敵な暮らしvlogには、いくつかの共通要素があります。暮らしの様子を撮影するうえで意識したいポイントとして、それらを頭に入れておくと、動画がぐんと楽しいものになるでしょう。あとは自分だけの味つけをプラスします。

さまざまな場所で撮る

同じ場所で撮影した映像ばかりでは単調になります。リビング、キッチン、玄関、寝室……と、さまざまな部屋、もしくは、同じ部屋のいろんな位置で撮りましょう。組み合わせたとき、楽しい動画に。

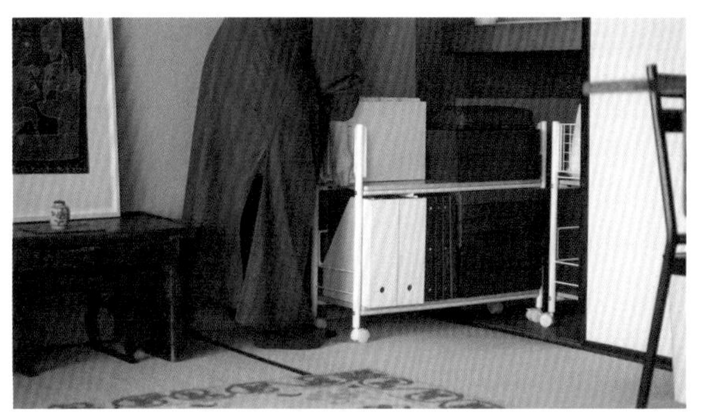

無理なく撮る

暮らしvlogは普通に生活しながら撮るのが基本。なるべく無理のないよう、楽しみながら撮るのが、vlog作成を長続きさせるコツです。ありのままを撮り、作り込みすぎないようにすることも大切。

家の様子を伝える

暮らしをメインに撮影するvlogの場合、家の様子や雰囲気が伝わる映像にするのがポイントです。家具などを意識的に入れること、生活感を排除しすぎないようにすることを頭に入れておきましょう。

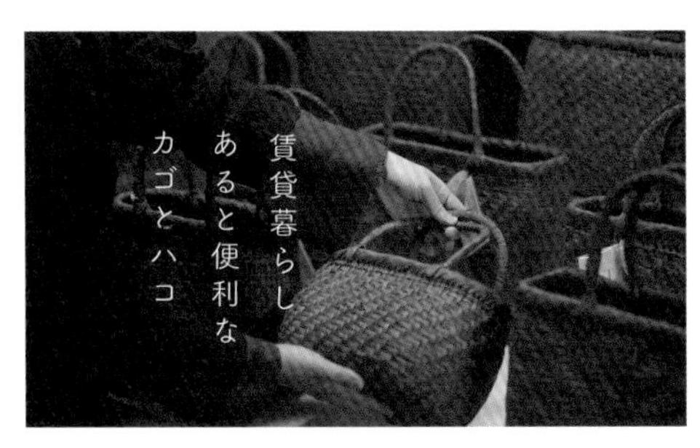

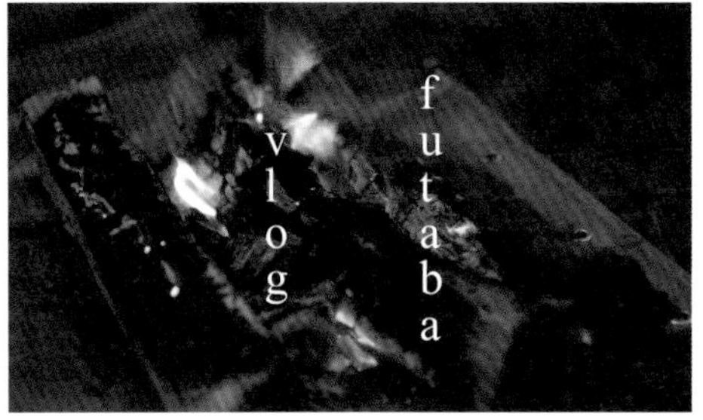

テーマあり、日常あり

何かテーマを決めて撮ったもの、日々の暮らしを淡々とつづったものと、2パターンあるとvlogにバリエーションが出ます。日々の暮らしを撮るときは、2〜3日かけて撮影してもいいでしょう。

家族に入ってもらう

人が入ると賑やかさが増します。ときには家族や友人にも登場してもらうといいでしょう。楽しく食事をしているシーンなどでは、笑い声やおしゃべりしている声もプラス。

いつも通りの家事。食器の片づけ。

小さなチャレンジ。和菓子作り。

日常とチャレンジ

いつも通りの日常にちょっとしたチャレンジを加えるのもおすすめです。たとえば、お菓子作り、手芸、DIY……。チャレンジでは初心者ならではのドキドキ感も表現できるとベター。

一連の動作を撮る

歩いてきて、ものを置いて、帰っていくといった、一連の動作を映像に収めることで臨場感が生まれます。流れをすべて撮影しておき、編集の際に好みでカットしましょう。

人の気配を入れる

コーヒーカップを映すときは手を添えて撮る、靴を映すときは実際にはいて足もとを撮るなど、人の気配をとり入れましょう。暮らしを楽しんでいる様子がよりストレートに表現できます。

動きを意識して撮る

料理や掃除など、動いている場面を引きで撮影し、何を行っているシーンなのかわかるようにします。そのあと、もののアップや静止画も撮って、「引き＋寄り」をセットにすると内容が伝わりやすくなります。

場所が特定されないように

家の中や庭などで撮影するときは、窓から見える外の風景や家のまわりをこまかく撮影しすぎないように気をつけましょう。万一入っていたときは、そのシーンを編集でカットします。

人物は
バランスよく入れる

暮らしvlogの登場人物はおもに自分ひとり。しっかり映っているところ、体半分だけ映っているところ、逆光でフォルムだけ見えているところなど、シーンによって使い分けてみます。

失敗したところも
そのままに

料理や洗濯、手芸など、失敗したところやうまくいかなかったところも、あえてそのまま動画に残しましょう。そして、文字でフォロー。視聴者にとっては親近感がアップするはずです。

屋外では
景色をたくさん撮る

外での撮影は、スタビライザーつきの小型カメラやスマホの出番。開放的な映像になるよう、景色を目いっぱい撮りましょう。ただし、明るすぎることもあるので、必要なら明るさ調整を。

スマホで撮る

三脚に固定して撮る

スマホも固定するのが鉄則。スマホフォルダーと三脚がセットになって売られています。本などを重ねた上に置いて撮るのでも可。

ズームは使わない

指でピンチする電子ズームは、映像が粗くなることも。スマホを撮りたいものに近づけましょう。望遠レンズなどがあれば使っても。

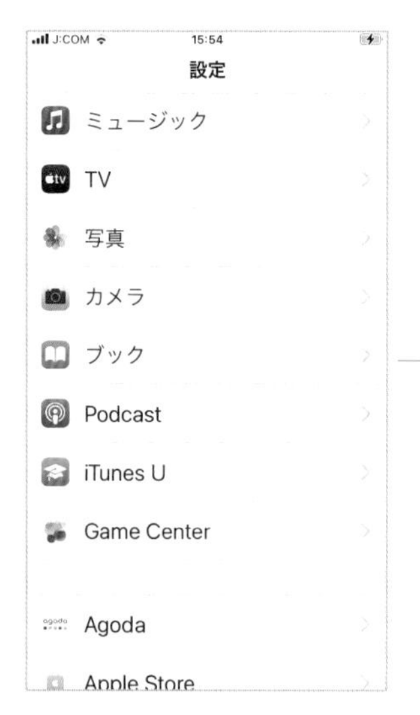

グリッド線を表示

「グリッド線（格子状のガイド線）」をカメラの画面上に表示させます。水平かを確認したり、構図を考えたりするときに活躍します。

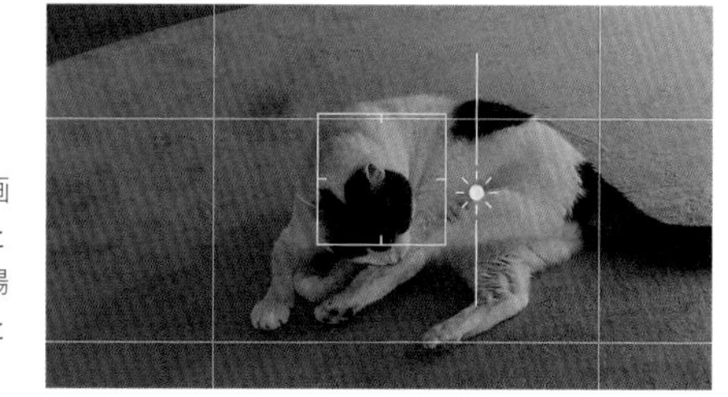

明るさを変える

たとえばiPhoneなら、画面をタップすると、四角と線が表示。線上にある太陽マークを上下に動かすことで、明るさを調整します。

背景をぼかすとき

対象物にできるだけ近づき、対象物と背景との距離を離すと、背景がぼけた映像に。スマホに望遠レンズがあれば、望遠撮影でぼかし効果が作れます。

手間なく撮れる

撮影したいシーンに出合ったら、すぐ撮れるのがスマホのよさ。家の外での撮影で活躍するほか、ペットの楽しい表情やしぐさなどを逃しません。

撮ってみた（編集・O）

まずはスマホのカメラで撮影してみることにした。必要なのは三脚。スマホにも使える、2～3千円くらいのを購入した。軽いけれど安定感はあり、使いやすい。スマホをつけてみると、ちょっとしたプロのカメラマン気分になれる。ビデオの設定で画面を16：9にして、グリッド線も表示させる。水平がきちんとするだけで、素人っぽさが減ると気づく。

さて、撮影。器を撮ってみる。画角を決めるまで、迷ってしまう。スマホの角度を変えたり、お皿を動かしたり……。慣れてくればきっと早く決まるのだろう。尺は最低でも10秒は撮ったほうがいいそうなので、10秒。思ったより長い。やっぱり三脚は必需品だ。三脚なしでスマホを手に持ったまま10秒間じっとしているなんて難しいから。次は猫を撮ってみる。被写体がかわいければ、撮影の腕がなくても魅力的な映像になるはず！

次に何を撮ろうか考えるのも楽しい。いい動画にしたくて、いつもより丁寧に掃除をしたり、器にこだわって料理を盛りつけたりする。撮影のおかげで暮らしも整いそう。ただ、バッテリーの消耗が速いのには驚いた。

階段を上ってくる猫を逃さず撮影！

↓

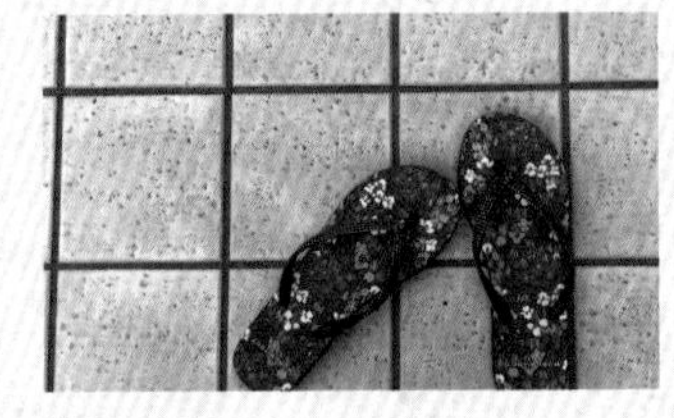

俯瞰の撮影もしてみる。

↓

寄りの写真を意識的に撮る。

→

構図を考えるのは楽しい作業。

→

狭い空間は撮影しにくい……。

Chapter 2

EDITING

動画を編集しよう

動画編集の流れ

①

とり込む

カメラやスマホで撮影した動画素材を動画編集ソフトにとり込みます。音楽や効果音などの素材も、はじめにとり込んでもOKです。

②

並べる

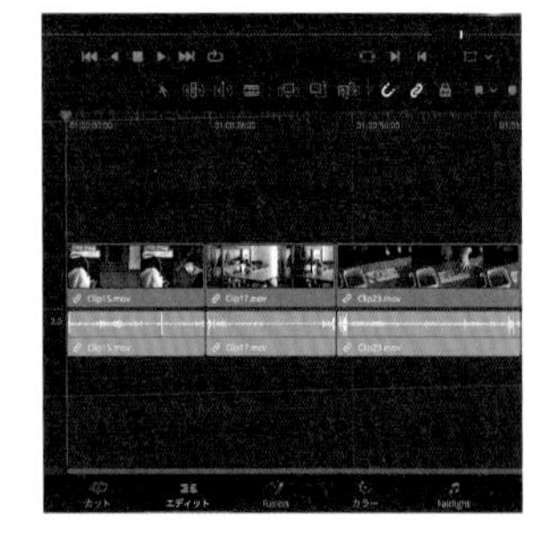

とり込んだ素材を並べます。ひとつずつ並べていっても、全部一度に並べるのでもOK。素材の順番はあとで自由に変更できます。

③

カット

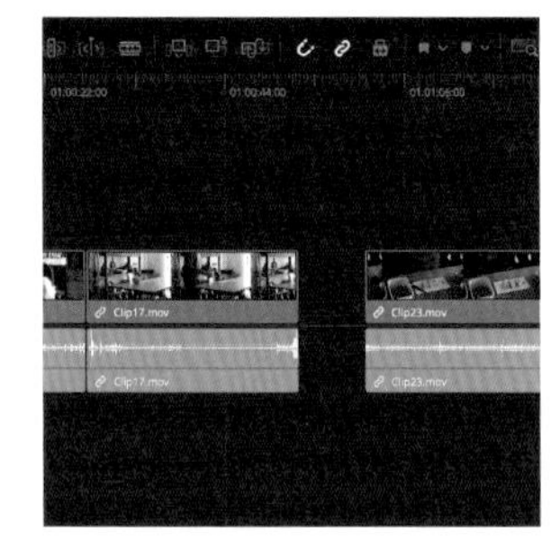

動画編集で一番ポイントとなり、時間がかかる部分。動画をテンポよくするためには、無駄なところをカットすることが重要です。

④

文字を入れる

ナレーションが入らない暮らしvlogの場合は、文字を入れることで映像を補足説明します。文字は「テロップ」と呼ばれます。

⑤ BGMを入れる

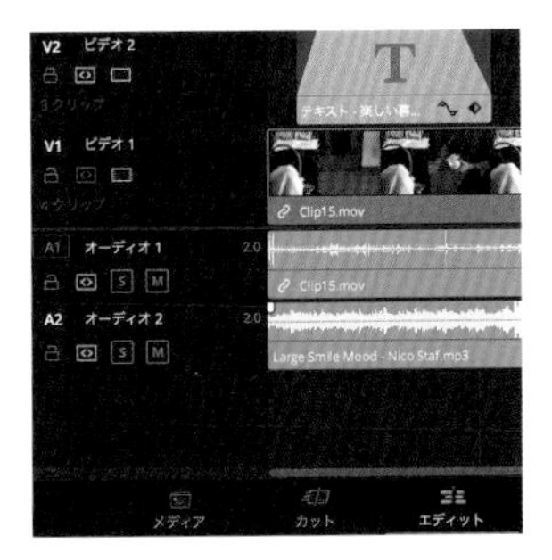

BGMを入れることで動画のクオリティがぐっとアップします。音楽を選ぶ作業は楽しいもの。数曲を組み合わせるといいでしょう。

⑥ 音量の調整

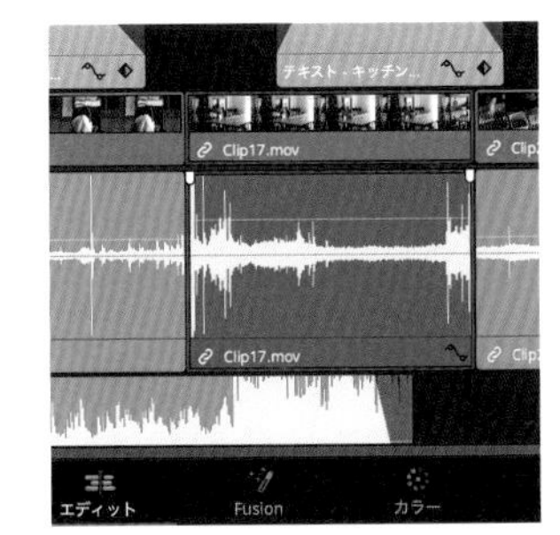

視聴者が耳障りに感じない音量にすることが必要です。撮影時の騒音や雑音などはできるだけ抑え、BGMを生かすといいでしょう。

⑦ 色＆明るさの調整

色や明るさを変えることで、より好みの映像に近づきます。ただ、調整は奥が深く、初心者のうちは撮影したままでも構いません。

⑧ 書き出す

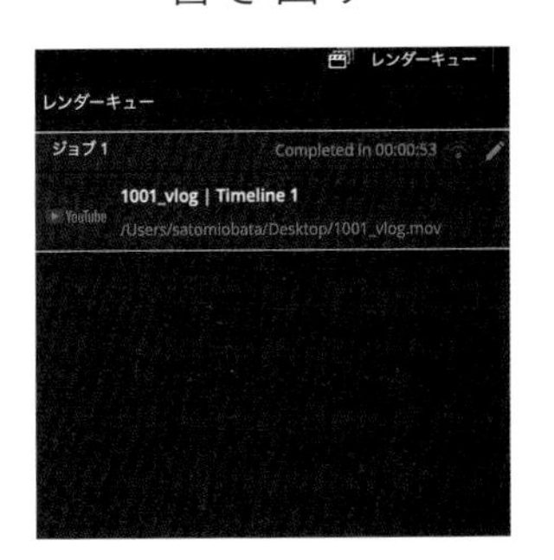

1本の動画を仕上げる最終プロセス。動画が長い、パソコンのスペックが低いなどのときは、時間が長くかかることもあります。

＊紹介した編集の流れは一例です。編集しやすい順番に変えても構いません。

編集ソフト＆アプリ

パソコン

パソコン用の動画編集ソフトはいろいろあります。「とにかく操作が簡単なものを使いたい」「クオリティの高い動画を作りたい」など、希望に合わせて選ぶといいでしょう。無料版と有料版があり、無料でも高機能のものがあります。一方、有料なら、無料トライアル版で試してから購入するのがおすすめです。本書では「DaVinci Resolve」を使った編集を紹介します。

DaVinci Resolve

無料　Windows/Mac

プロも使っている高機能の編集ソフト。とくに色みの調整が得意です。初心者にはハードルがやや高めですが、雰囲気のある動画を作りたいなら最初から使うのがおすすめ。無料でダウンロードできる点も大きな魅力です。

Adobe Premiere Pro

有料　Windows/Mac

仕事で映像を制作する人の約9割が使っていると言われる、高機能の編集ソフト。使い勝手がよく、初心者でも比較的簡単に動画を編集できます。After EffectsやPhotoshopなどのソフトと連携しやすい点も利点です。

iMovie

無料　Mac

初心者向けの動画編集ソフト。基本的にドラッグ＆ドロップしていくだけと、操作がシンプル。直感的に使えるのが魅力です。Apple製品には標準で搭載されているので、ダウンロードの必要がないのもうれしい点です。

PowerDirector

有料　Windows/Mac

国内販売シェアがナンバーワンとされるソフト。動画編集機能がメインで直感的な操作がしやすく、初心者でも扱いやすいのが人気の理由です。ほかのソフトとくらべて動作が軽いのもメリットと言えます。

スマートフォン

スマホ用アプリも多種類あります。無料のものが多いので、まずはアプリをダウンロードして実際に使用感をチェックするのがおすすめ。一部の機能が有料など制限が設けられていることもありますが、パソコン用にくらべると安価です。フィルターなどの効果が簡単にかけられるものが多いのが、スマホ用アプリの特徴。画面上のロゴ表示が外せるかも確認しましょう。

VN

無料　iOS/Android

パソコン用の動画編集ソフトとほぼ変わらない機能が揃った、多機能のアプリ。クオリティの高い動画を作ることができます。その反面、はじめて動画編集をする人にとっては、機能が多すぎて使いづらいこともあります。

VITA

無料　iOS/Android

カメラアプリで知られる「SNOW」が展開する動画アプリ。本格的な動画を作るにはもの足りないものの、初心者には十分と言えます。「テンプレ」と呼ばれる型にあてはめることで動画を作成することもでき、便利です。

VLLO

無料　iOS/Android

簡単な操作で動画編集をすることができる、手軽なアプリ。ポップアップが表示されるので、指示のとおりに進んでいけば操作は難しくありません。有料版もありますが、無料でも十分なクオリティの動画を作れます。

iMovie

無料　iOS

パソコン用のソフトと同様、初心者向けのアプリで、操作がシンプルでわかりやすい点が魅力です。iPhoneユーザーならダウンロードの手間もなく手軽。多機能ではないものの、動画編集を試したい人にはおすすめです。

step 1

とり込む

撮影した素材をソフトにとり込みましょう。紹介した方法のほか、素材をメディアプール(素材をためる場所) に直接ドラッグ&ドロップしてもOK。使う素材はあらかじめひとつのフォルダにまとめておくとスムーズです。編集の途中で、素材を追加でとり込むこともできます。

1

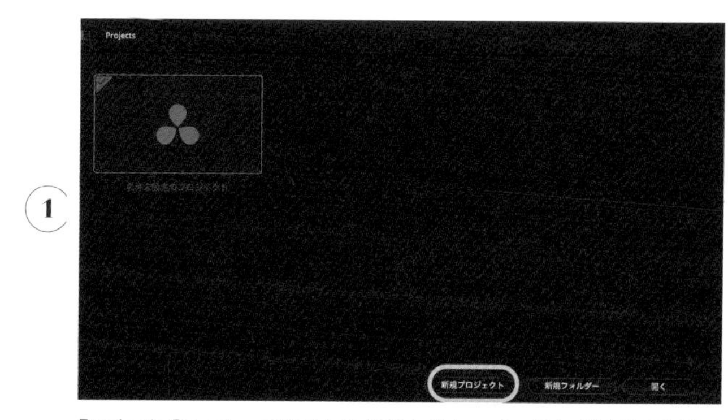

Davinch Resolveのソフトを起動しましょう。これが最初の画面です。画面右下の**【新規プロジェクト】**をクリックします。

2

小窓が出てきたら、プロジェクト名を入力して**【作成】**をクリックします。名前には作成した日付も入れると整理しやすくなります。

3

作業画面が開かれます。**【ファイル】**→**【読み込み】**→**【メディア】**の順にクリックしていきましょう。

＊P48～71は動画編集ソフト「DaVinci Resolve17 (Ver.17.2.1)」を使用。

4

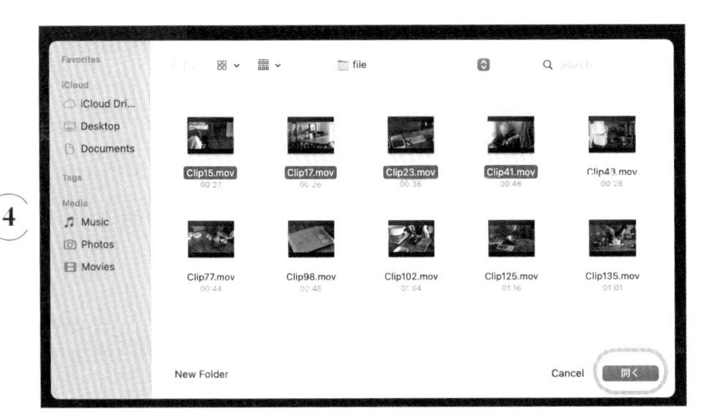

使いたい動画素材を選んで、**【開く】**をクリックします。素材はあとで追加で入れることもできます。

5

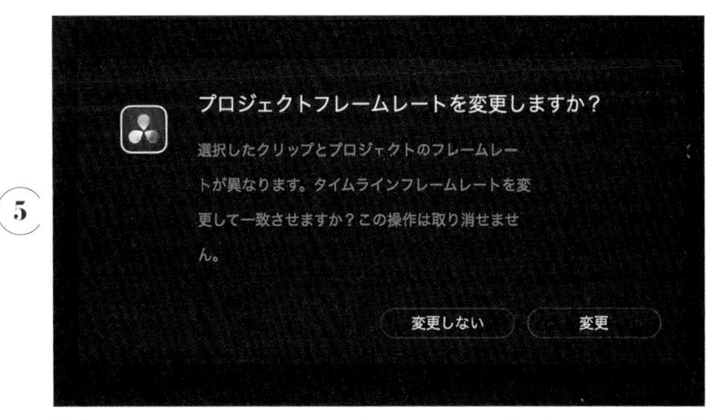

【プロジェクトフレームレートを変更しますか？】と表示されたら、**【変更】**をクリックします。

6

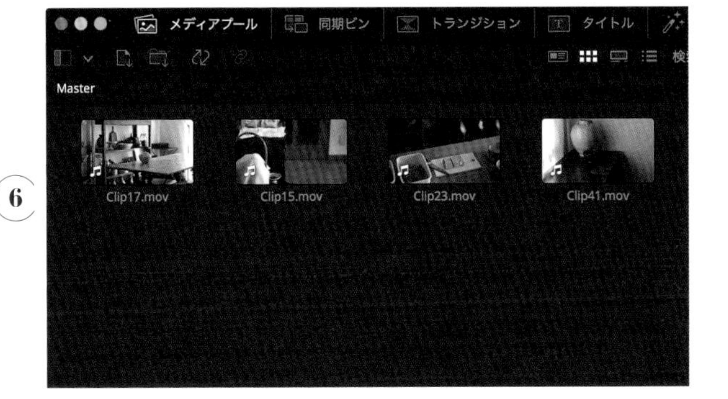

動画素材がメディアプールにとり込まれました。アイコンで表示されます。アイコン左下の音符マークは音声も入っているという印です。

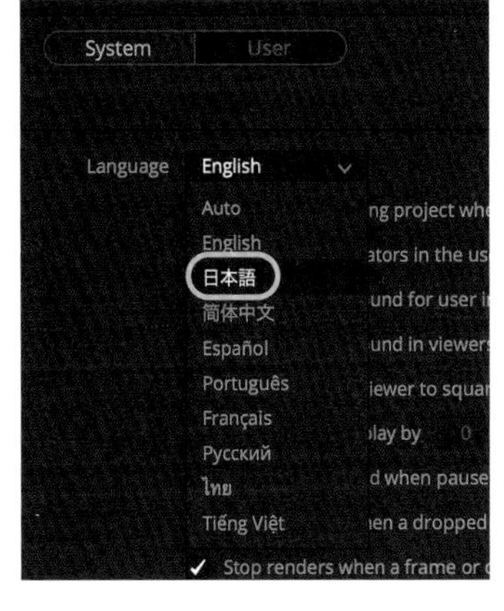

日本語にする

表示が英語になっているときは、日本語にします。画面左上のメニューの【DaVinci Resolve】→【Preferences】→【User】→【UI Settings】→【Language】で**【日本語】**をクリック。右下の【Save】→【OK】で、ソフトを再起動します。

step 2

並べる

素材をタイムラインに並べていきましょう。タイムラインは動画を編集するときのパネルのようなもの。左から右に時間が進むようになっていて、動画やテキスト、音楽などを並べます。素材はひとつずつ並べるほか、一度に全部並べることもでき、動画を撮った時間順になります。

1

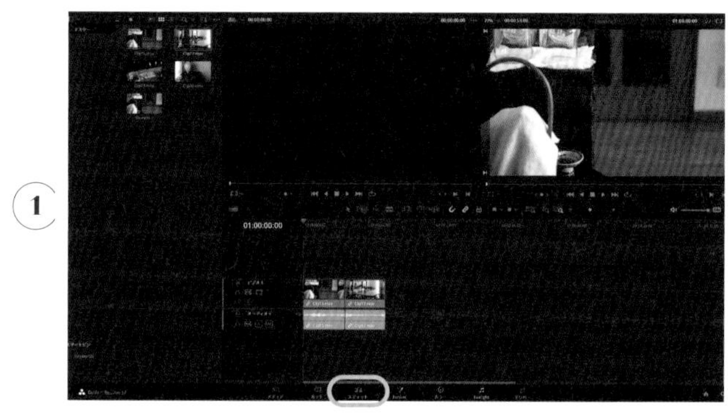

画面下の**【エディット】**をクリックし「エディット画面」にしたら、素材をドラッグ＆ドロップして画面下のタイムラインに並べます。

2

タイムライン上の素材の表示は、プレビュー画面のすぐ下にある「拡大・縮小バー」で幅を調節できます。丸を左右に動かしましょう。

3

素材が並びました。左上の**【メディアプール】**をクリックすると、メディアプールの表示が消され、作業画面が大きくなります。

並び替える

素材をつかんだ状態で、「Shift＋Ctrl」（Macは「Shift＋command」）を押したまま、好きな位置に移動させます。

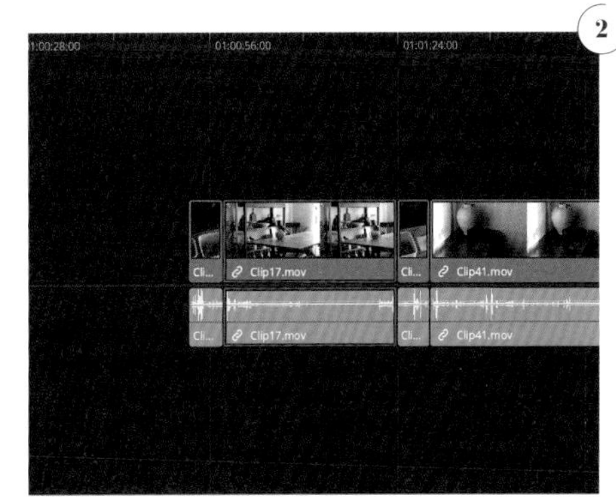

「Shift＋Ctrl」（Macは「Shift＋Command」）を押さないと、移動させたときに重なった部分が上書きされます。

映像と音声はセット

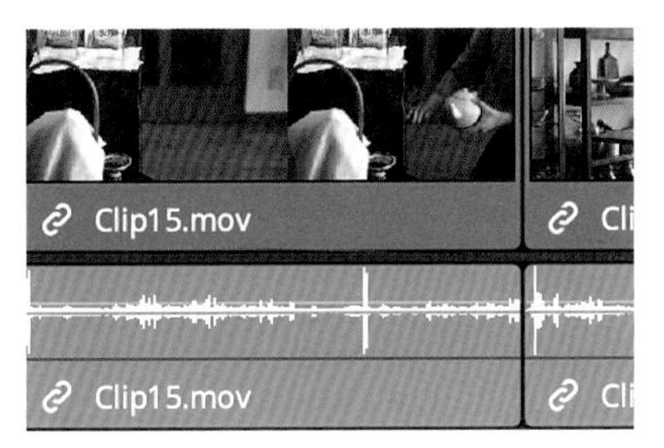

動画は青のバー、音声は緑のバーで表示され、リンクしています。どちらかだけを移動させたり削除したりするときは、リンクを外します。

リンクを外す

映像と音声のリンクを外すときは、素材を選んで右上にある**【リンクツール】**をクリックすると、リンクが外れます。

リンクする

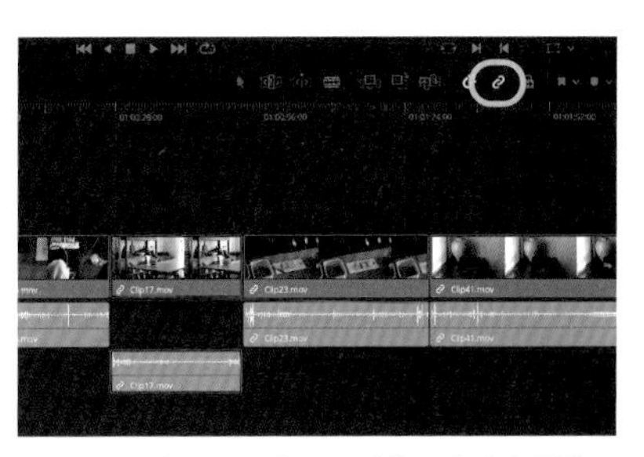

再びリンクさせるときは、映像と音声を同時に選んだ状態で、**【リンクツール】**をクリックします。

覚えておきたいこと

再生する

素材をカットしたりつなげたりするとき、タイムラインに並べた動画を再生して確認しながら行います。

1

タイムラインの動画を再生するには、プレビュー画面の下にある三角マークをクリック。「Spaceキー」で再生することもできます。

2

停止するときは四角マークをクリックします。キーボードを使うときは、再び「Spaceキー」を押すことで動画が停止します。

保存する

動画編集ソフトはまれにフリーズし、編集した内容が消えてしまうことも。こまめに保存するのがおすすめです。

1

画面上のメニューの**【ファイル】**→**【プロジェクトを保存】**をクリックします。

2

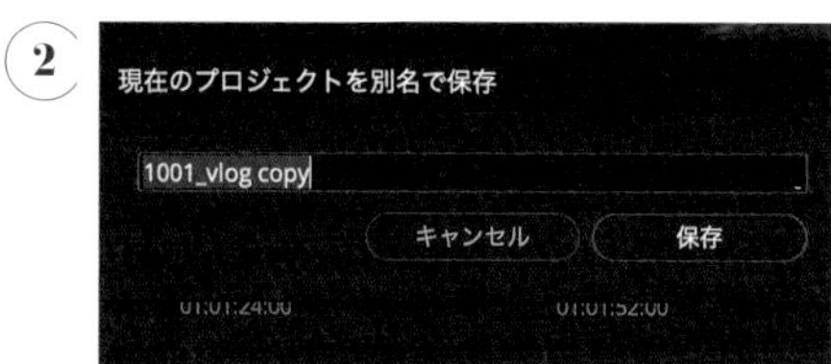

別名で保存したいときは、**【ファイル】**→**【プロジェクトを別名で保存】**をクリックし、名前をつけたら**【保存】**をクリックします。

プレビューを1画面にする

プレビュー画面は2つ並び、右にタイムラインの映像が映し出されます。1画面にすることで作業しやすくなります。

1

画面右上にある四角マークをクリックします。

2

2画面→1画面になりました。2画面に戻したいときは、再び画面の四角マーク（四角が2つになっている）をクリックします。

ショートカットキー

ショートカットキーで操作すると、キーボードで操作できて便利です。とくに頻繁に行う作業では活躍するでしょう。代表的なものは以下で、ショートカットキーをカスタマイズすることもできます。

	Win	Mac
全画面表示	P	
再生	L	
停止	K	
逆再生	J	
早送り	Shift + L	
早戻し	Shift + J	
すべてを選択	Ctrl + A	Command + A
コピー	Ctrl + C	Command + C
ペースト	Ctrl + V	Command + V
カット	Ctrl + X	Command + X
保存	Ctrl + S	Command + S
1つ前の作業に戻す	Ctrl + Z	Command + Z
戻りをやり直す	Shift + Ctrl + Z	Shift + Command + Z
ブレード*を入れる	Ctrl + B	Command + B
トランジション*を追加	Ctrl + T	Command + T

＊ブレードはP54参照、トランジションはP56参照。

step 3

カット

動画素材の使わない余分な部分をカットして短くすることは、動画編集で大切なプロセス。再生ヘッド（赤い縦線）のあるところから動画が再生されるので、映像や音を確認しながらカットしましょう。カットの方法はいくつかありますが、一番わかりやすい方法で紹介します。

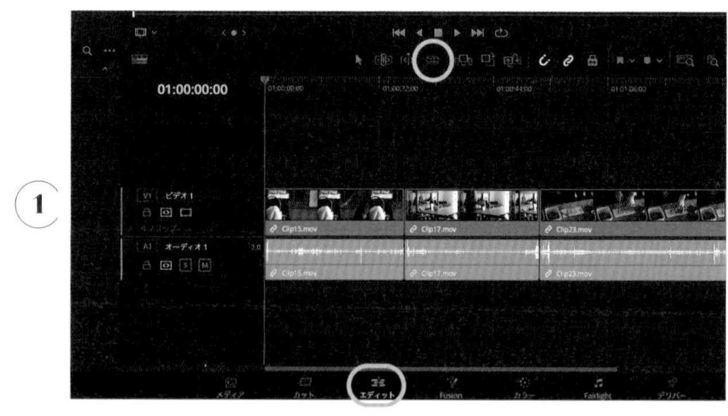

①画面下の**【エディット】**をクリックし、「エディット画面」で行います。上の**【ブレード編集モード】**をクリックします。

②素材上に細い赤線が表示されるので、カットしたいところまで動かします。

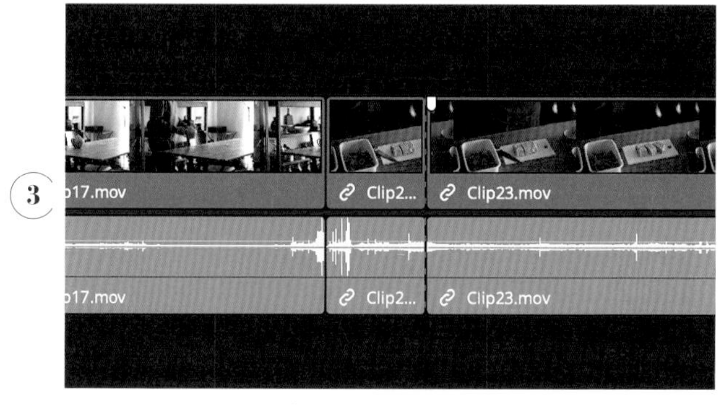

③クリックするとクリップが2つに分かれます（タイムラインに並んだ素材は「クリップ」と呼びます）。

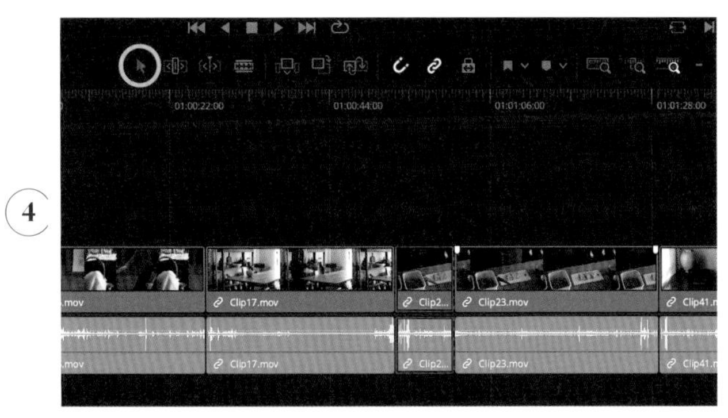

4

【矢印】をクリックして「矢印モード」に戻し、不要なクリップをクリック。赤い線で囲まれました。「Deleteキー」を押すとカットできます。

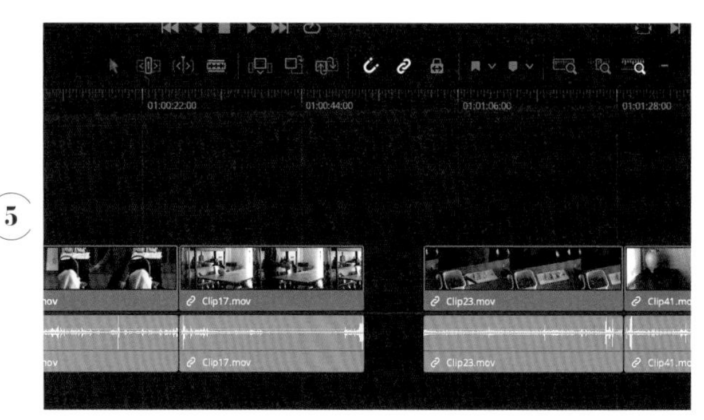

5

空間をクリックし、「Deleteキー」を押すと詰まります。「Shift＋Delete」で、空間を詰めながらカットすることもできます。

ほかのカット方法

素材のはじまりや終わりの部分だけをカットする方法もあり、素材の端をつかんで移動させるだけなので簡単です。素材を短くしたら、カットした部分に空間ができるので、上記のプロセス⑤と同様にして、空間を詰めておきましょう。

1

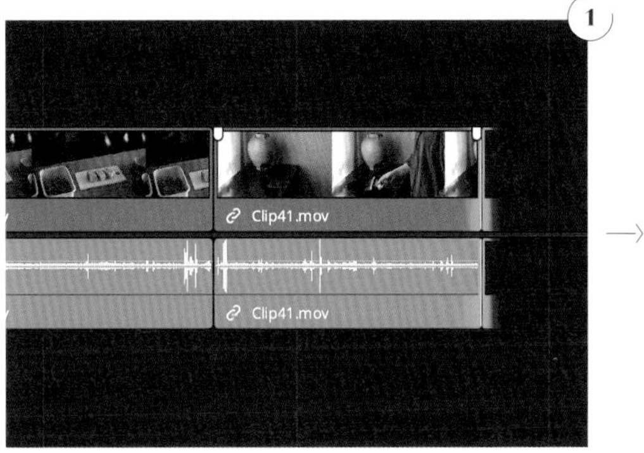

「矢印モード」で、クリップの右端をマウスでつかみ、左に移動させます。移動させた分だけカットされます。

2

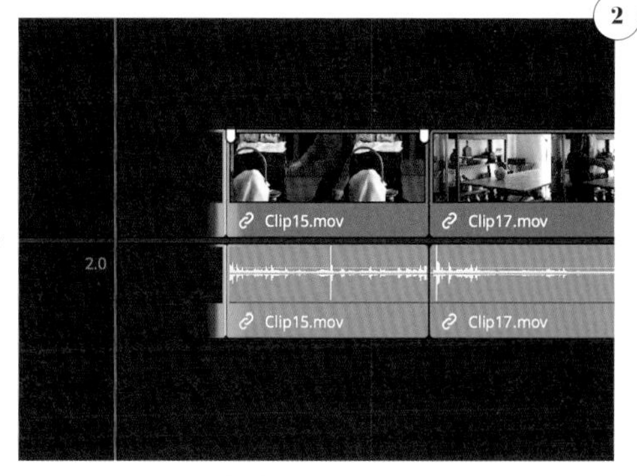

同じようにクリップの左端をマウスでつかみ、右に移動させます。移動させた分だけカットされます。

つなぎ

素材と素材の間に入れるつなぎを「トランジション」と呼び、時間や距離の切り替わりを表すときなどに活躍します。ポピュラーなのは「クロスディゾルブ」で、自然なフェードアウト・インでなめらかな切り替わりになります。ただし、トランジションの入れすぎには注意を。

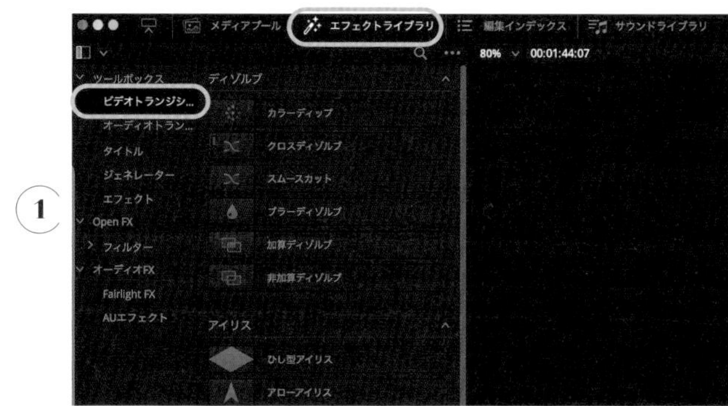

1

「エディット画面」で左上の**【エフェクトライブラリ】**をクリックしたあと、**【ビデオトランジション】**をクリックします。

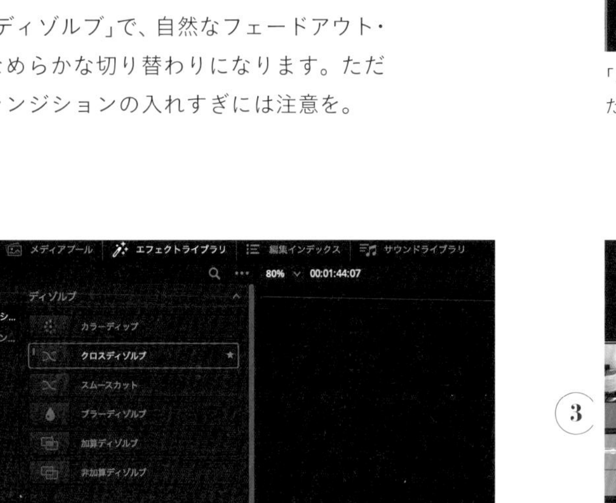

2

好きなトランジションをクリックします。ここでは、**【クロスディゾルブ】**を選びました。

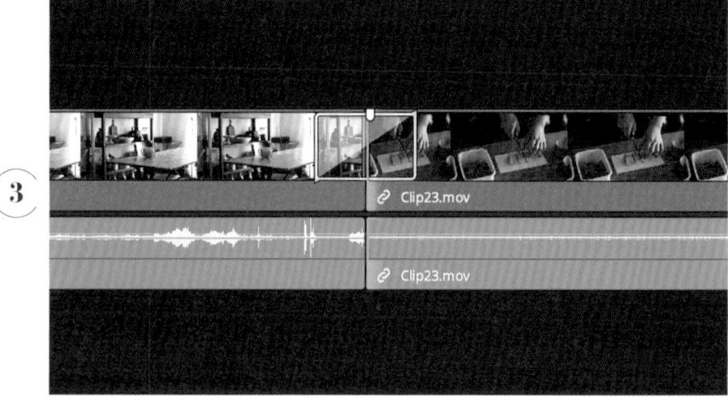

3

【クロスディゾルブ】をつかんだまま、タイムライン内のクリップとクリップの間にドロップすると、トランジションが入ります。

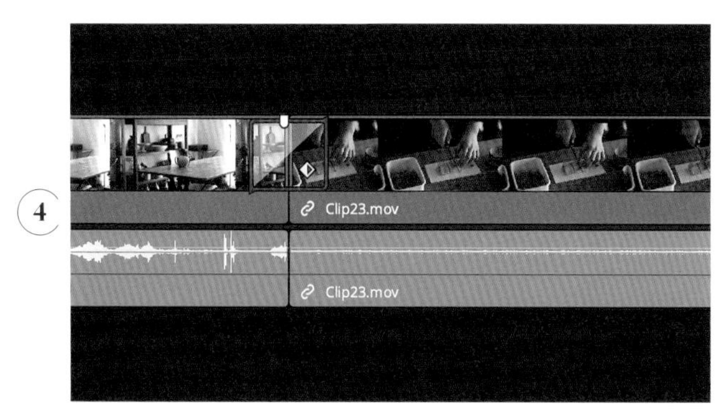

トランジションの左右をドラッグすることでトランジションをかける長さを調節できます。

【クロスディゾルブ】は素材同士が自然に融合し、フェードアウト・インします。

フェードイン・フェードアウト

つなぎに限らず、動画のオープニングやエンディングを自然にしたいときなど、フェードインやフェードアウトさせることができます。

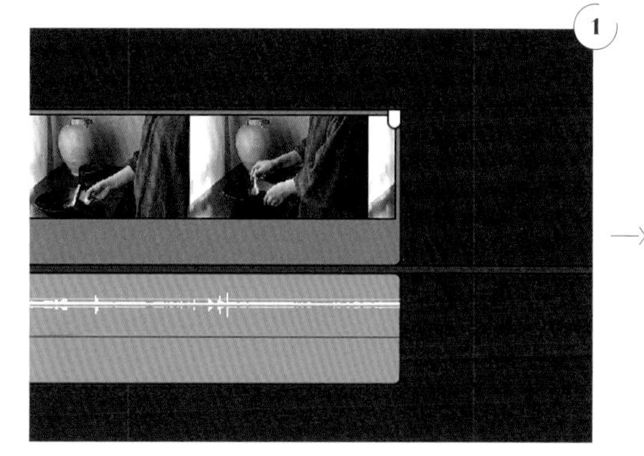

クリップを選択し、右上にマウスを合わせると白いマークが表示されます。

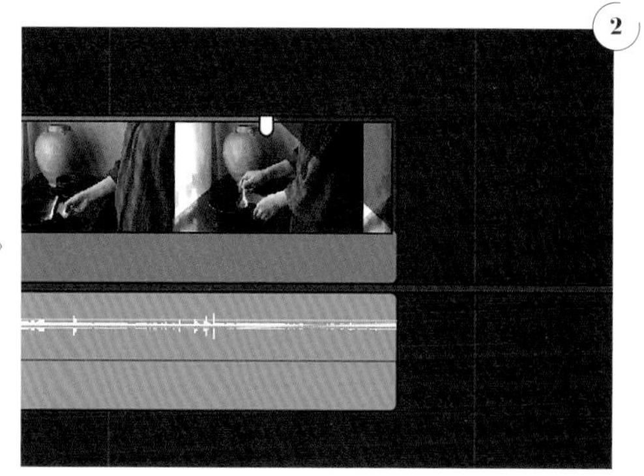

白いマークを左に移動させるとフェードアウトします。同様に左上に合わせて右に移動させるとフェードイン。

step5

文字を入れる

vlogのタイトルやテロップなど、文字を入れましょう。暮らしvlogはナレーションが入らないことが多いので、テロップをこまめに入れて映像の説明をすると、視聴していて楽しい動画になります。文字は書体だけでなく、サイズや色、デザインなどを自由に変えられます。

1

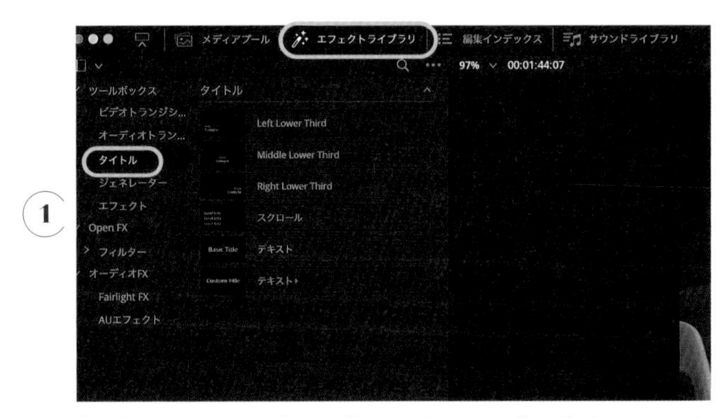

「エディット画面」で左上の**【エフェクトライブラリ】**をクリックしたあと、**【タイトル】**をクリックします。

2

【テキスト】をクリックします。

3

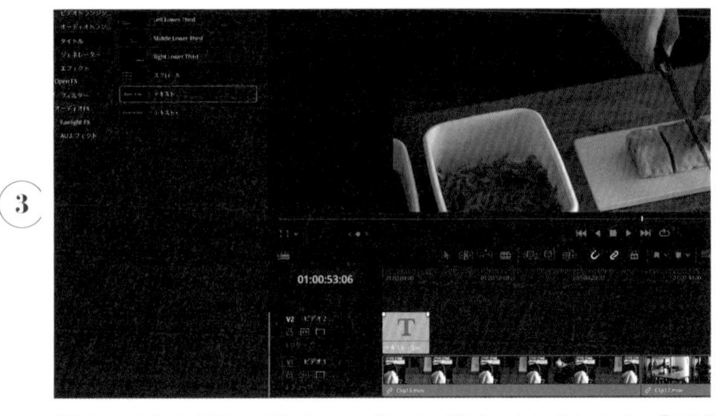

【テキスト】をドラッグ＆ドロップして、素材の上に入れます。「ビデオ2」にテキストクリップが表示されました。

4

テキストクリップをクリックすると、プレビュー画面に「Basic Title」の文字が表示されます。

5

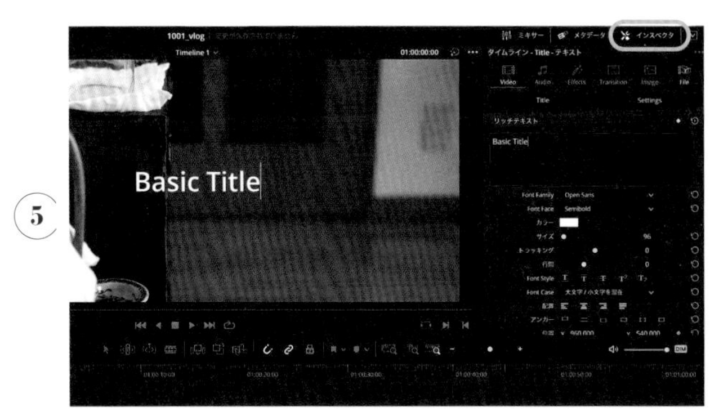

画面右上の**【インスペクタ】**をクリックし、テキストの編集ツールを表示。プレビュー画面の「Basic Title」をダブルクリックします。

6

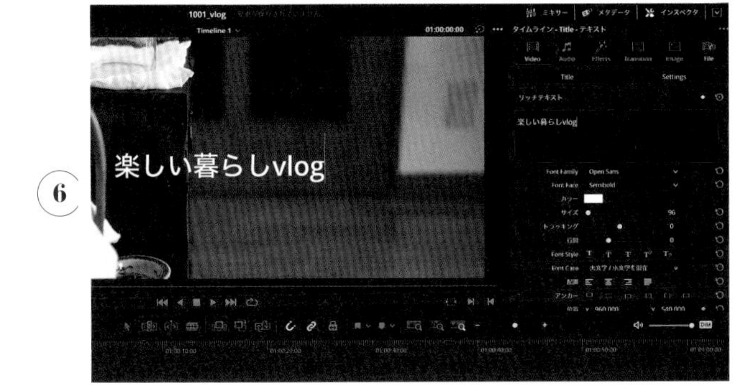

赤い線で囲まれた部分に、文字が入力できるようになります。好きな文字を入力しましょう。

7

フォントの種類や太さ、大きさ、色、縁のあるなし、背景のあるなしなど、バリエーション豊富です。好みのものに変更しましょう。

表示されるタイミングを変える

テキストクリップを選択（クリック）します。

↓

左右に移動させるだけで位置が変わり、映像の中のどこから文字の表示がはじまるかを変えられます。

長さを変える

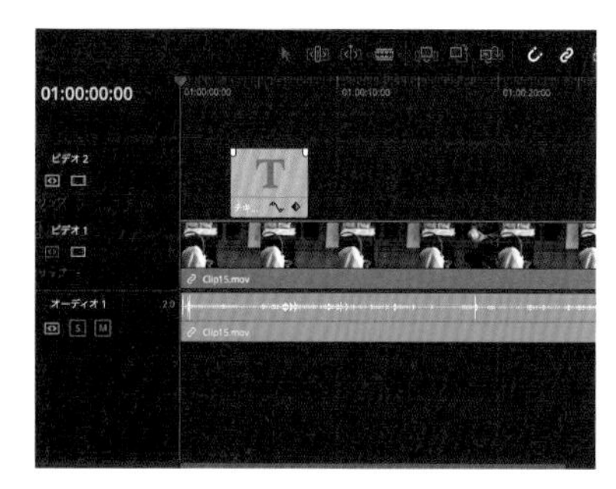

テキストクリップの端をつかみます。

↓

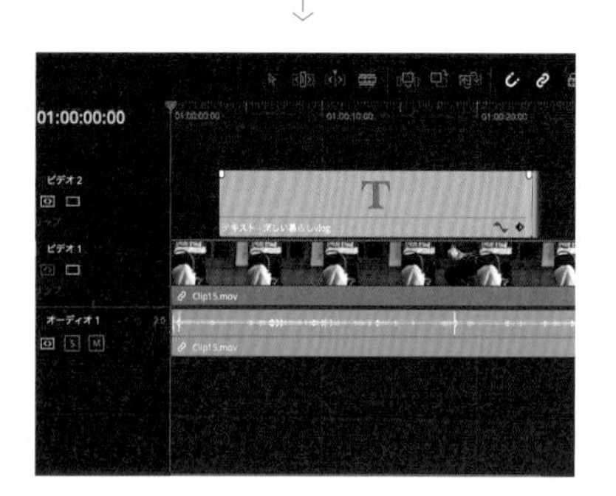

つかんだまま左右に動かして、クリップの長さ（文字が表示される時間の長さ）を調整します。

位置を変える

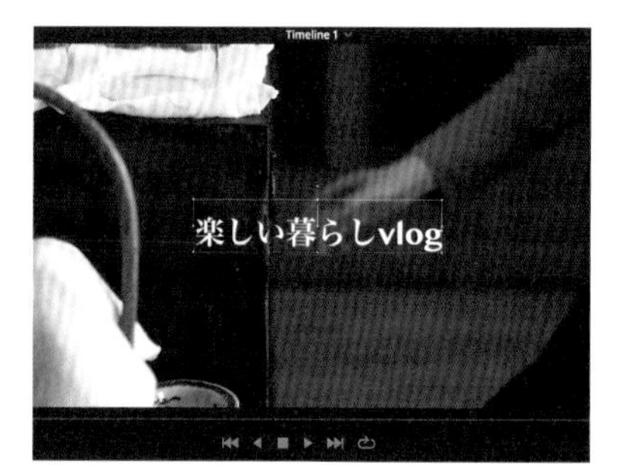

プレビュー画面上の文字をクリックします。

↓

文字をつかんだまま、好きな位置に移動させます。

フェードイン・アウトさせる

テキストクリップを選択し、右上にマウスを合わせます。

↓

表示される白いマークを左に動かすと、フェードアウトします。フェードインするときは左上にマウスを合わせ、右に動かします。

コピーする

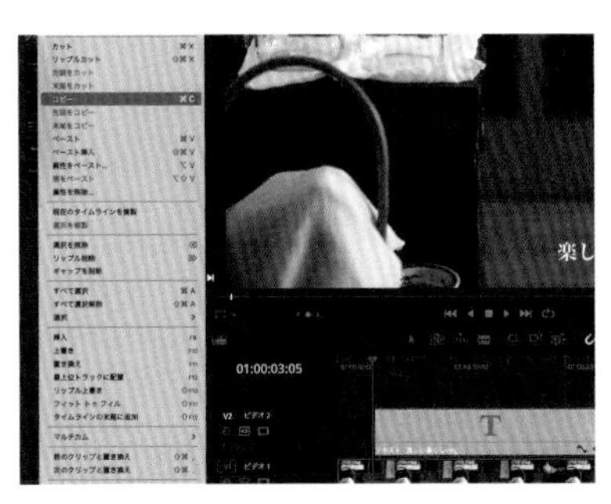

テキストクリップを選択した状態で、**【編集】**→**【コピー】**をクリックします。

↓

ペーストしたい位置に再生ヘッドを移動させ**【編集】**→**【ペースト】**します。そのあと、位置や長さなどを調整しましょう。

TIPS☺

文字をすっきり見せる

文字は1〜2種類のフォント、色、サイズでまとめるのがおすすめ。ただし、オープニングやエンディングはサイズを大きくするなどしてもOKです。おしゃれさを意識しすぎてスマホで読みにくい小さいサイズにしたり、見づらい色にしたりしないように注意を。位置については、字幕のように一定の位置に入れる、映像によって入れる位置を変えるなど自由です。文字もフェードイン・フェードアウトすると自然な雰囲気になります。

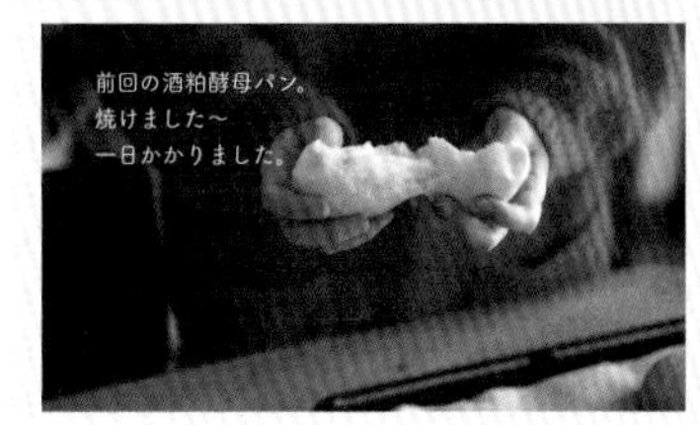

step 6

BGMを入れる

動画を雰囲気よくするためにBGMは欠かせません。騒音や雑音を目立たせないためにも有効です。BGMで注意したいのは著作権。著作権フリーの曲を選びましょう。とり込み方やタイムラインへの入れ方、流すタイミングや長さの変更などは、動画やテキストと同様にします。

1

P48の「とり込む」を参照して、BGMの素材をとり込みます。**【ファイル】**→**【読み込み】**→**【メディア】**をクリックします。

2

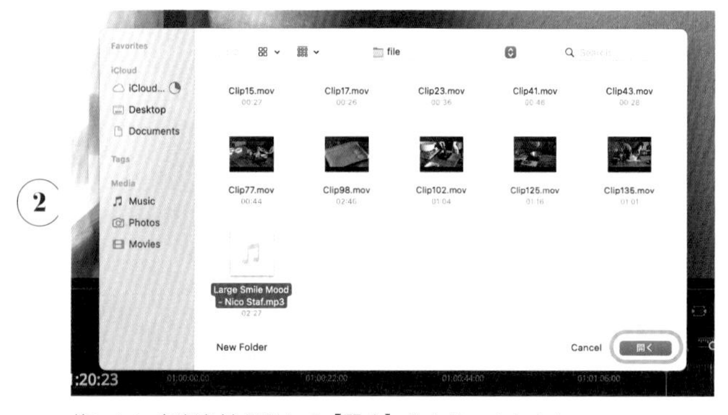

使いたい音楽素材を選んで**【開く】**をクリックします。

3

メディアプールの動画のあとに、音楽素材がとり込まれました。

4

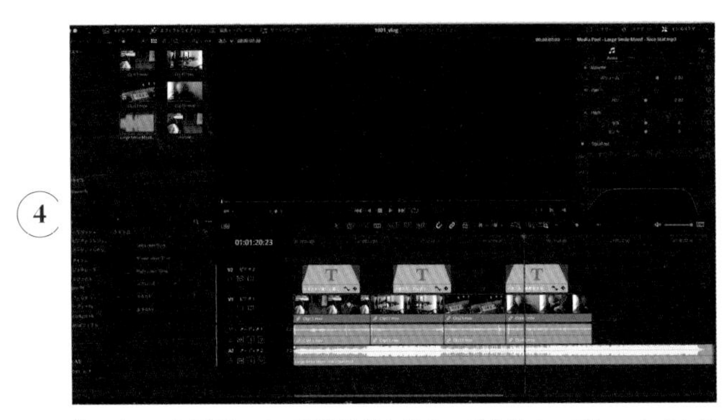

「エディット画面」で、音楽素材をドラッグ&ドロップし、タイムラインに入れます。動画素材の音声の下に入れましょう。

5

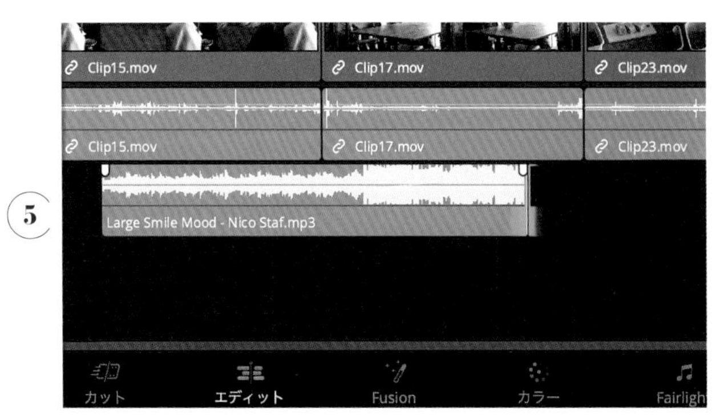

左右にドラッグすると位置が変わり、BGMが流れるタイミングを調整できます。P54の「カット」を参照して、曲の長さをカットします。

6

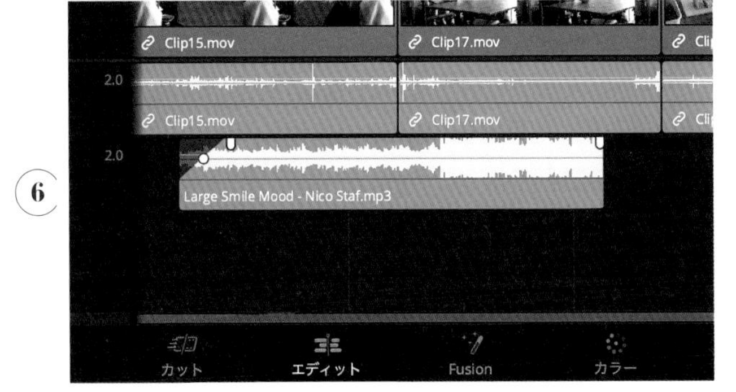

左上にマウスを合わせると小さな白いマークが表示され、右に移動させることでフェードインします。

7

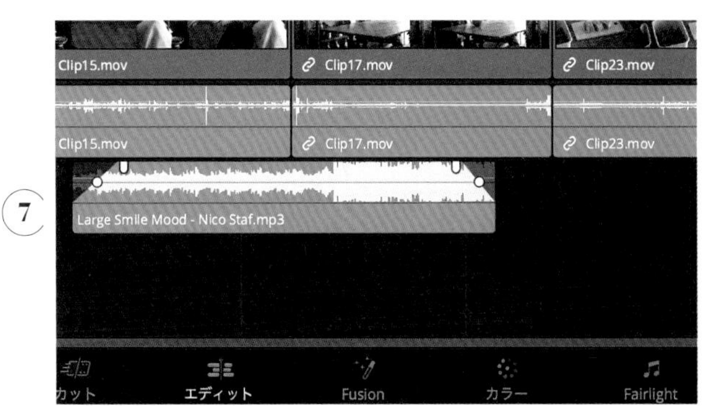

フェードアウトも同様です。右上にマウスを合わせて左に移動させましょう。音楽はフェードイン・アウトさせるのが自然です。

曲の選び方

気に入ったBGMを探すことからはじめましょう。スローなテンポの曲、アップテンポの曲など、撮影した映像の雰囲気、作りたい動画のイメージに合ったものを選びます。BGMは数曲使い、変化を持たせるのもポイント。オープニングとエンディングは毎回、定番の曲にしてもいいでしょう。

注意したいのが著作権の問題です。Web上にある曲を自由に使っていいわけではありません。著作権フリーの曲の中から選ぶと安心でしょう。YouTubeの「オーディオライブラリ」のほか、「Evoke Music」「DOVA-SYNDROME」「DUST-SOUNDS」などの無料サイトもあります。動画制作に慣れてきたら、「Artlist」「Epidemic Sound」「MUSICBED」などの有料サイトを検討してみても。なお、スマホアプリの場合は、アプリごとにBGMが用意されています。

音楽をダウンロードする場合にもうひとつ気をつけたいのが、著作権表示の問題です。著作権フリーでも、使用するときにクレジット表示（帰属表示）が必要な場合も。たとえばYouTubeの「オーディオライブラリ」なら、使いたい曲の「ライセンス」という項目を見ると、クレジット表示が必要かどうかを確認できます。表示が必要なものは動画の概要欄に加えることで使用できます。

効果音も楽しい

「効果音（サウンドエフェクト）」とは状況や心理などを表す音。マウスのクリック音、心臓の鼓動、ドアが閉まる音、足音など、バリエーション豊富です。たとえば、オープニングやエンディングのタイトルに合わせて使ってみるなど、自然な流れで入れることもできます。BGMと同様、効果音を扱うサイトは多種類あるほか、YouTubeの「オーディオライブラリ」でも見つけられます。

step 7

音量の調整

タイムラインに表示されたオーディオのクリップで音量を調整できます。クリップごとに調整でき、もとの素材の生活音を生かしたいとき、逆に、小さくしたいときなどに役立ちます。また、ミキサーを使う方法もあり、動画全体の音量、BGM全体の音量を一括で調整できます。

1

「エディット画面」で、画面真ん中にある**【タイムライン表示オプション】**のマークをクリック。表示を変更できる小窓が出てきます。

2

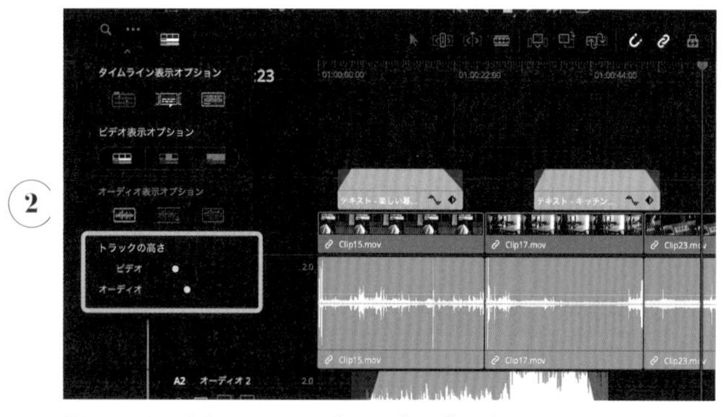

「トラックの高さ」の項目で、**【オーディオ】**の白丸を右に動かすとオーディオの枠が上下に広がり、作業しやすくなります。

3

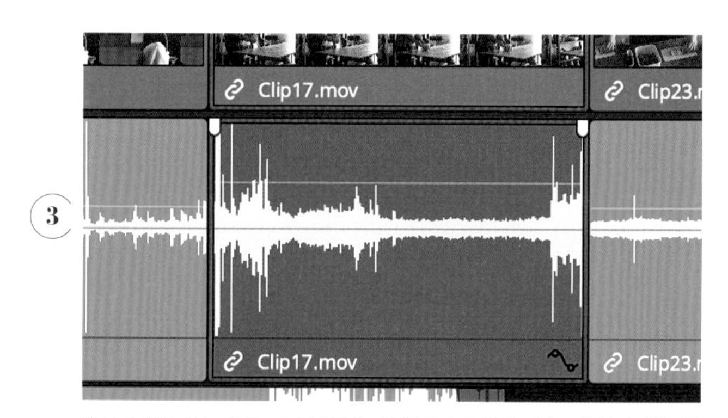

音量を変えたいクリップを選び、波線の上の細くて白い線を上下に動かします。白い線を上げると音量が大きく、下げると小さくなります。

ミキサーを使う

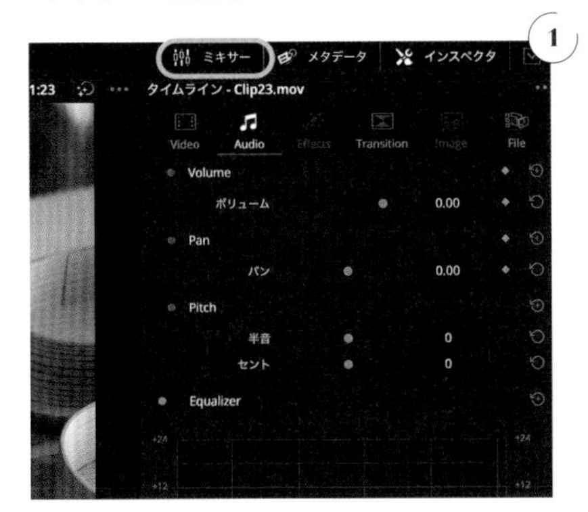

1 「エディット画面」で、画面右上の【**ミキサー**】をクリックします。

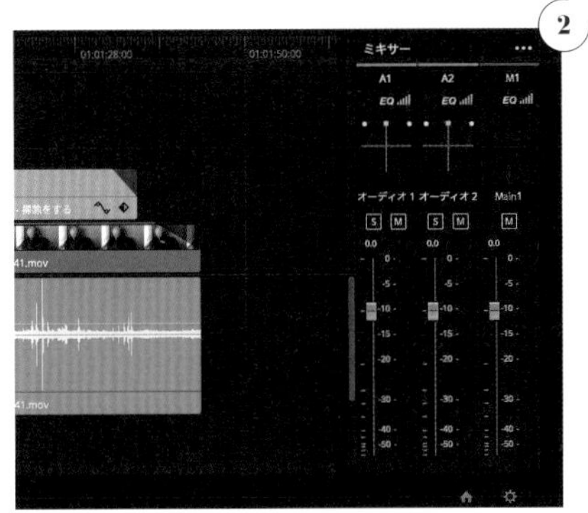

2 ミキサーが表示されます。【**オーディオ1**】は動画に録音された音、【**オーディオ2**】はBGM、【**Main1**】は両方を合わせた全体の音。

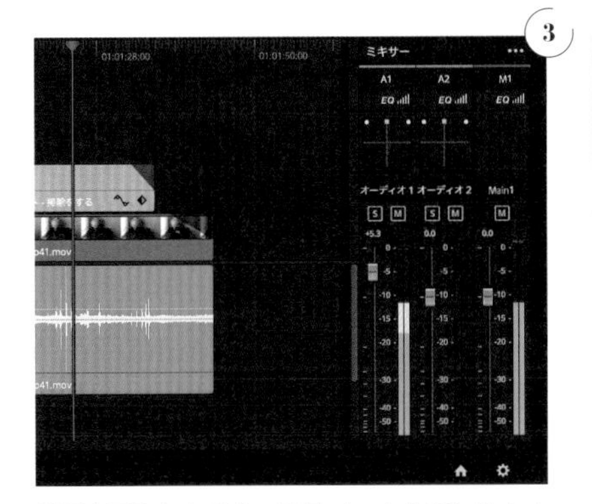

3 動画を再生しながら、音量バーを上下に動かすことで音の大小を調整します。

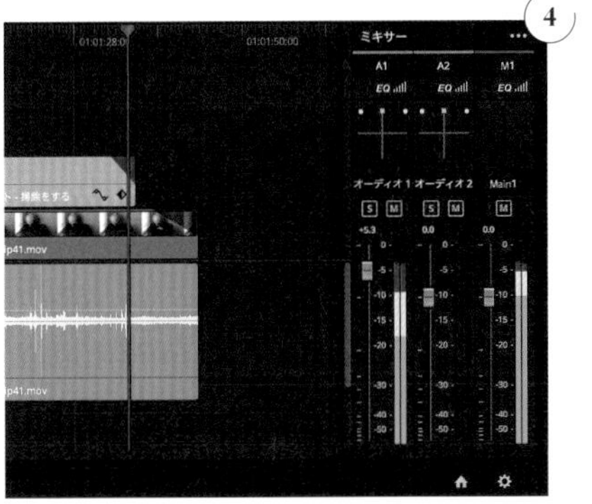

4 赤い表示は音が大きすぎて割れている証拠。赤くならないように注意しましょう。

TIPS☺

耳障りにならないように

音量が大きすぎると耳障りになりますが、ナレーションや会話などでは音量が小さすぎると聴こえにくくなります。ただ、暮らしvlogの場合は、ある程度の環境音もいい味になるので、視聴者を不快にさせないように注意するだけでOKでしょう。一般的には、動画素材に録音された音は小さめに、BGMを大きめにするとバランスがよくなります。

step 8

色＆明るさの調整

　やや高度になりますが、色や明るさを変更することもできます。具体的には色合い（色相）や鮮やかさ（彩度）、明るさ、コントラストなどの調整です。もちろん、撮影したまま変更なしでも構いません。極端に変えると不自然な映像になることもあるので注意しましょう。

色合いを変える

好みもありますが、青みをプラスすることでかっこいい雰囲気になります。逆に、赤みをプラスすると、温かみのある映像に。

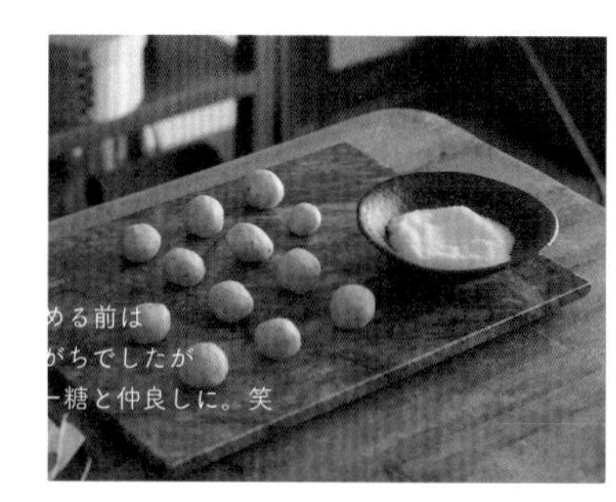

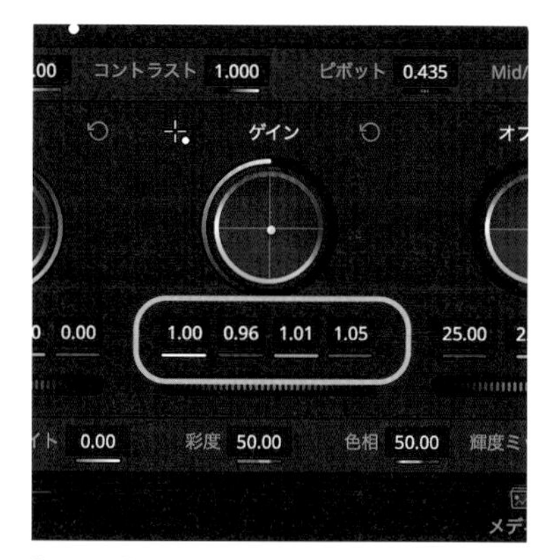

【カラー】をクリックし、「カラー画面」で行います。色合いは「ゲイン」で調整するのが簡単。たとえば青みをプラスしたいなら、青線の上の数字を右に動かし、大きくします。

彩度、コントラストを変える

彩度は色みの強さや鮮やかさの度合い、コントラストは明暗の差です。コントラストを0.850くらいまで落とすと淡い映像に。

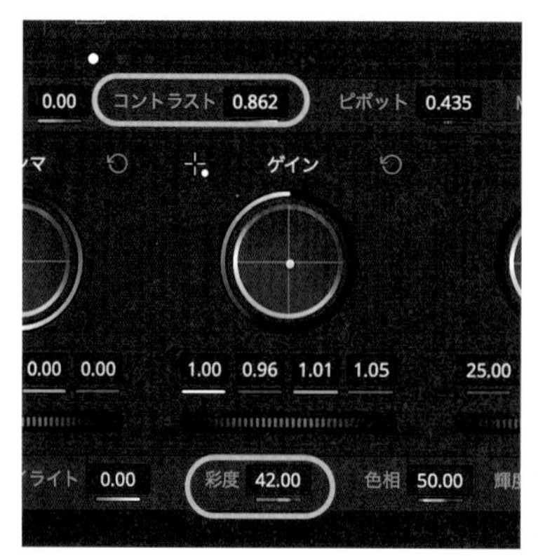

「カラー画面」にしたら、「彩度」や「コントラスト」の横の数字にマウスを合わせ、左右に動かして調整します。

明るさを変える

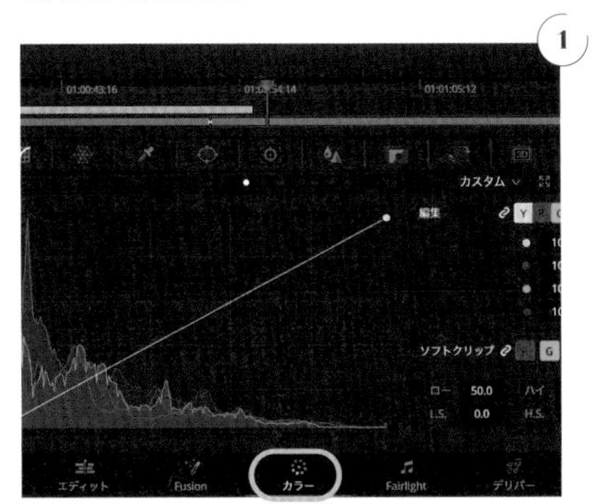

画面下の**【カラー】**をクリックして「カラー画面」に切り替え、明るさを変えたい素材を選びます。

カーブが表示されます。表示されていないときは、画面真ん中にある**【カーブ】**のアイコンをクリックすることで表示できます。

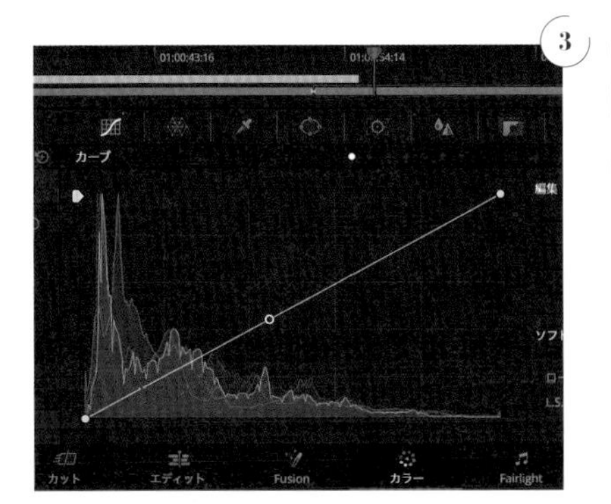

斜め線上にマウスを合わせてクリックすると、白い丸が表示されます。

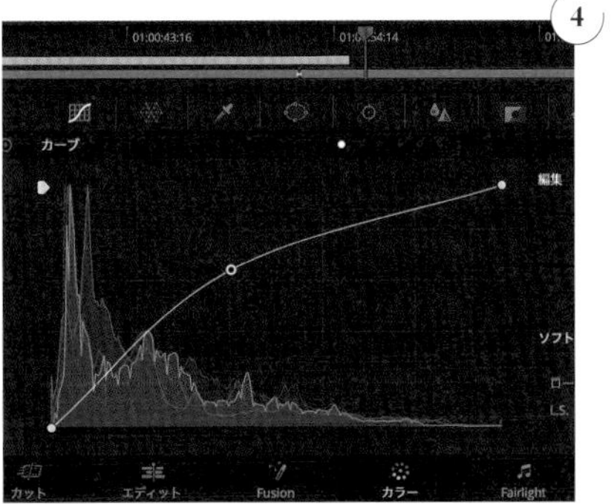

丸をドラッグして明るさを調整します。上方向に動かすと明るく、下方向に動かすと暗くなります。

Before

写真がやや暗く、料理の色が生きていません。

↓

After

明るくなり、よりおいしそうな色になりました。

step 9

書き出す

動画の編集が完了したら、いよいよ最終行程の「書き出し（「レンダリング」「レンダー」とも言う）」です。書き出しとはファイル形式を一般的なものに変えて、１本の動画に仕上げること。YouTube用のファイル形式の「MP4」や「MOV」など、投稿できるデータを作ります。

1

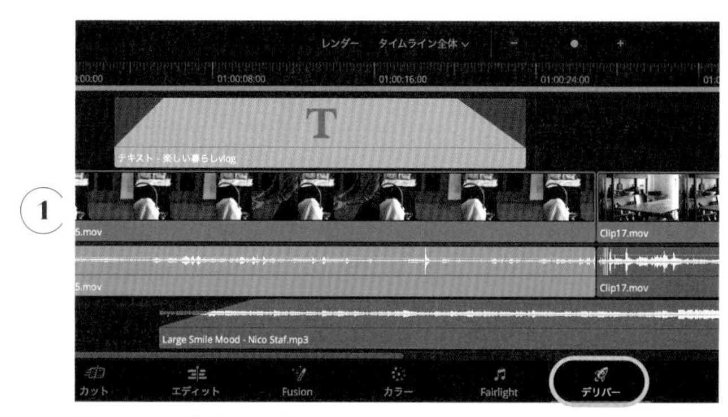

画面右下の**【デリバー】**をクリックします。

2

画面左上に「レンダー設定」の画面が表示されます。**【YouTube】**の横の矢印をクリックし、**【1080p】**を選びます。

3

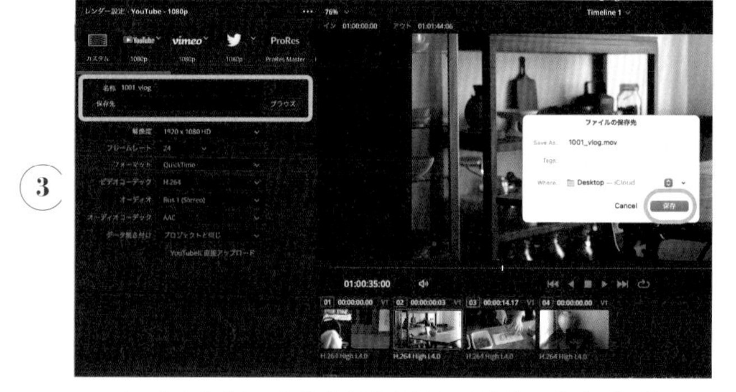

ファイル名を入力し、保存先を選びます。保存先は**【ブラウズ】**をクリックすると小窓が表示されるので場所を指定し、**【保存】**をクリック。

4

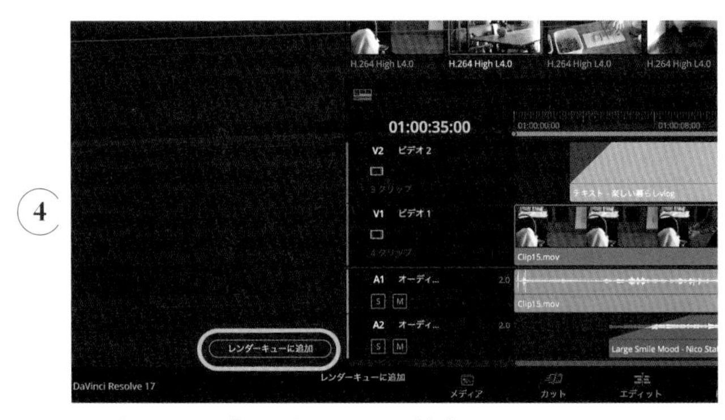

画面左下にある**【レンダーキューに追加】**をクリックします。

5

画面右上に、「ジョブ1」が表示されました。その下にある**【すべてレンダー】**をクリックします。

6

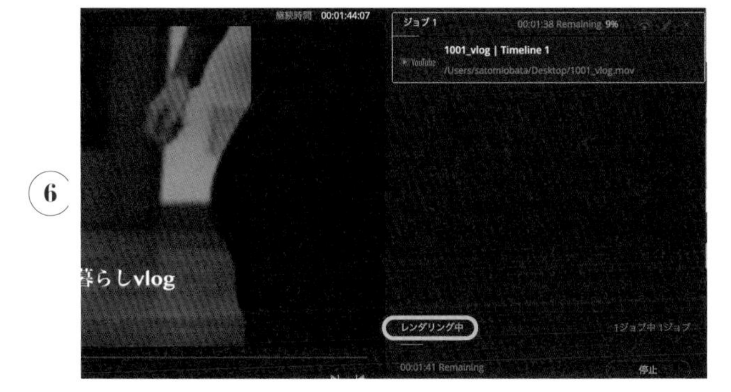

書き出しがはじまり、「レンダリング中」と表示されます。

7

書き出しが終わると、「～（時間）で完了」という緑色の表示が出ます。作られた動画は指定した保存場所にあります。確認しましょう。

スマホで編集

step 1　とり込む

1

VITAを起動したら、**【新しい動画】**をタップ。写真への許可を求められたら、**【すべての写真へのアクセスを許可】**をタップします。

2

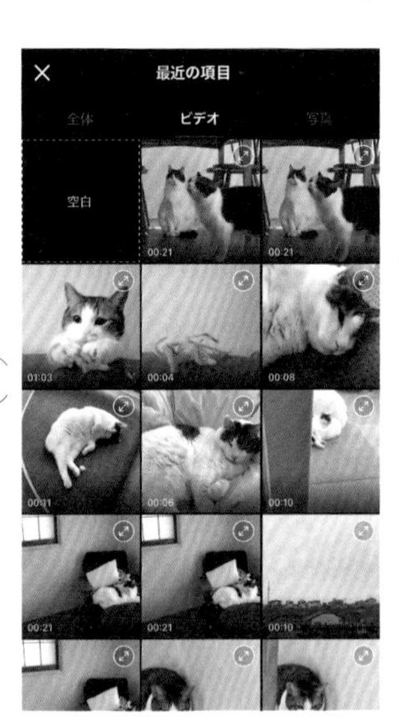

編集したい動画素材をタップしましょう。あとから素材を追加して入れることもできます。

3

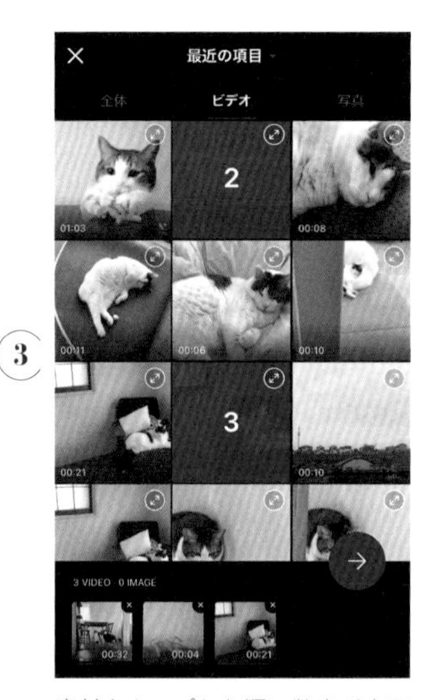

素材をタップした順に数字が表示され、その順番に素材が並びます。選び終わったら、画面右下の**【→】**をタップします。

4

編集画面になり、タイムライン上に素材が読み込まれます。真ん中にある三角をタップすると再生し、再度タップすると停止します。

＊P72〜79は動画編集アプリ「VITA（Ver.1.19.1）」を使用。

step2 カット

1

YouTubeの画面比率にします。画面下の**【比率】**→**【16:9】**をタップしてチェックマーク（保存するときはチェックマークをタップ）。

2

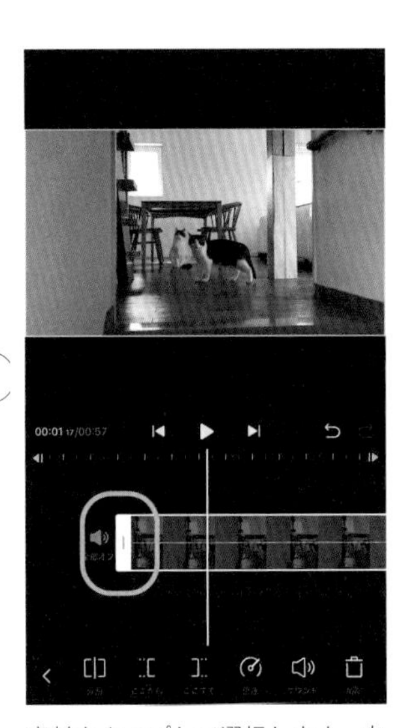

素材をタップして選択します。左端にある白いバーを押したまま右に動かすと、カットできます。右端も同様に左に動かしてカット。

3

ほかの方法も。再生ヘッド（白い縦線）をカットする場所に合わせ、画面下の**【編集】**→**【ここから】**で、再生ヘッドから前をカット。

4

カットされました。同様にして再生ヘッドを合わせたら、画面下の**【編集】**→**【ここまで】**で、再生ヘッドから後ろをカットできます。

step3 文字を入れる

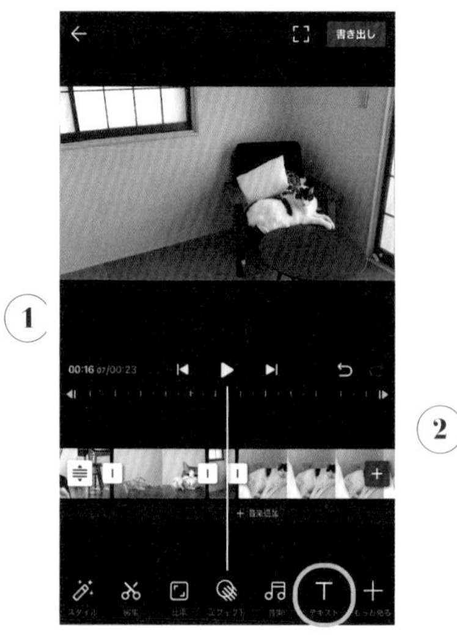

画面下部のツールメニューから**【テキスト】**→画面下部の**【テキスト】**をタップします。

プレビュー画面に「テキストを入力」と表示されるので、好きな文字を入力します。

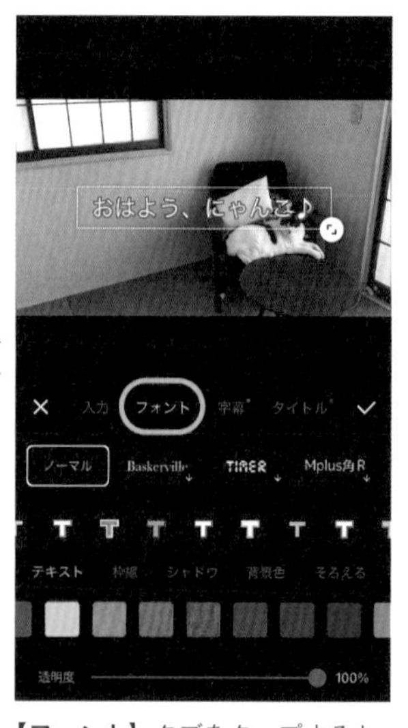

【フォント】タブをタップすると、種類や色、デザインなどを変更できます。チェックマークをタップし、タイムラインに戻ります。

プレビュー画面のテキストを動かすと位置が、右下のマークを動かすと大きさが変わります。表示されるタイミングや長さも調整を。

郵便はがき

104-8011

おそれいりますが切手をお貼り下さい

東京都中央区築地5－3－2

株式会社
朝日新聞出版
生活・文化編集部 行

ご住所　〒 電話　（　　）		
ふりがな お名前		
Eメールアドレス		
ご職業	年齢　歳	性別　男・女

このたびは本書をご購読いただきありがとうございます。
今後の企画の参考にさせていただきますので、ご記入のうえ、ご返送下さい。
お送りいただいた方の中から抽選で毎月10名様に図書カードを差し上げます。
当選の発表は、発送をもってかえさせていただきます。

愛読者カード

お買い求めの本の書名

お買い求めになった動機は何ですか？（複数回答可）

1. タイトルにひかれて　2. デザインが気に入ったから
3. 内容が良さそうだから　4. 人にすすめられて
5. 新聞・雑誌の広告で（掲載紙誌名　　　　）
6. その他（　　　　）

表紙　1. 良い　2. ふつう　3. 良くない
定価　1. 安い　2. ふつう　3. 高い

最近関心を持っていること、お読みになりたい本は？

本書に対するご意見・ご感想をお聞かせください

ご感想を広告等、書籍のPRに使わせていただいてもよろしいですか？

1. 実名で可　2. 匿名で可　3. 不可

ご協力ありがとうございました。
尚、ご提供いただきました情報は、個人情報を含まない統計的な資料の作成等に使用します。その他の利用について詳しくは、当社ホームページ
https://publications.asahi.com/company/privacy/ をご覧下さい。

step4 BGMを入れる

1

画面下部のツールメニューから**【音楽】**→画面下部の**【音楽】**をタップします。

2

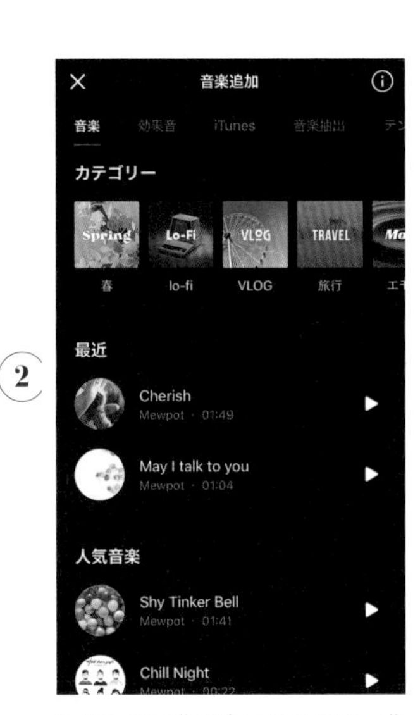

いろいろな曲が表示されます。曲名の右端の三角をタップして試聴してみましょう。

3

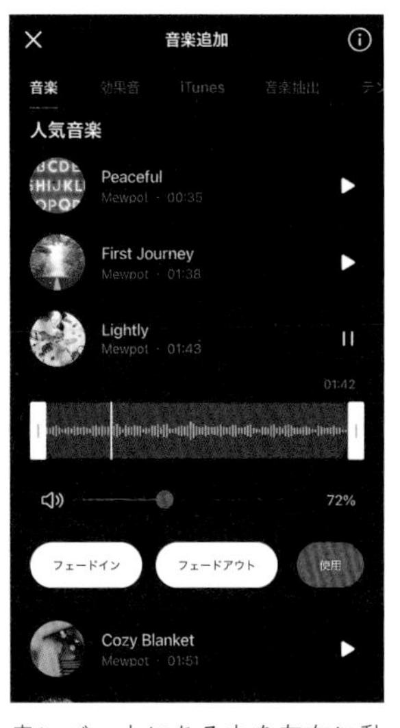

赤いバー上にある丸を左右に動かすことで、音量を調整します。**【フェードイン】【フェードアウト】**を選んで、**【使用】**をタップします。

4

音楽素材が挿入されました。動画や文字と同様にして、音楽が流れるタイミングや長さなどを調整しましょう。

step5 つなぎ

1

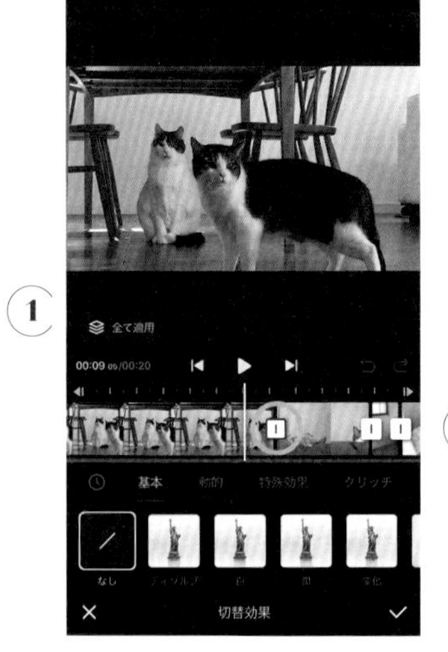

必要に応じて、素材のつなぎ部分にトランジションをつけます。素材の間の正方形をタップすると、「切替効果」が表示されます。

2

ここでは**【ディゾルブ】**を選択し、チェックマークをタップします。トランジションが入ると、正方形のアイコンが変わります。

3

同様にしてトランジションを入れていきます。素材と素材の間のすべてに入れる必要はありません。終わったらチェックマークを。

4

タイムラインに戻りました。映像と映像の間が自然にフェードアウト・インするようになりました。

step 6 色＆明るさの調整

① 画面下部のツールメニューから**【もっと見る】**→**【調節】**をタップします。

② **【全て適用】**をタップします。これで動画全体の色や明るさが一括で調整できます。素材ごとに調整するときはタップしません。

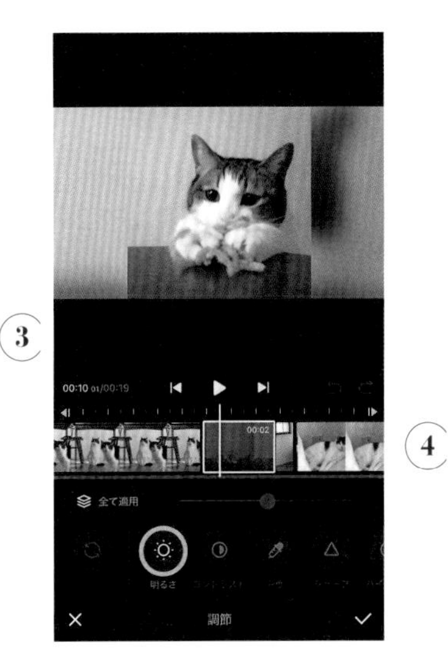

③ 調整したい項目を選びます。ここでは**【明るさ】**を選択。ほかにコントラストやシャープ、ハイライト、影、彩度などがあります。

④ すぐ上の紫色のバーにある丸を左右に動かすことで、明るさを調整します。リセットするときは左の「リセット」のアイコンをタップ。

step 7 フィルター

フィルターいろいろ

色みや明るさ、コントラストなど、映像の雰囲気を変えたいときはフィルターが便利です。使うときは、ひとつの動画にひとつのフィルターが基本ですが、好みによっていくつか使っても。

レトロ

ムーディー

オレンジ

フィルム写真風

1

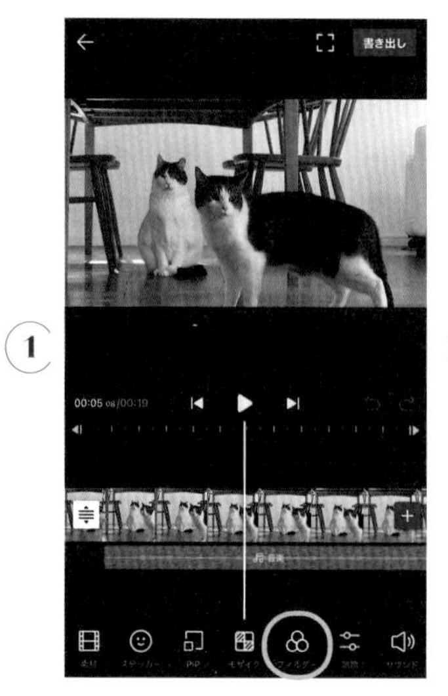

画面下部のツールメニューから【もっと見る】→【フィルター】をタップします。

2

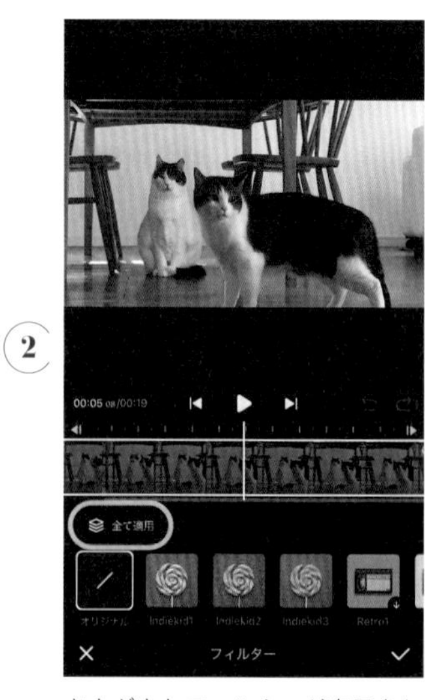

さまざまなフィルターが表示されます。すぐ上の【全て適用】をタップしてから、好きなフィルターを選択し、チェックマークをタップ。

step 8 書き出す

1

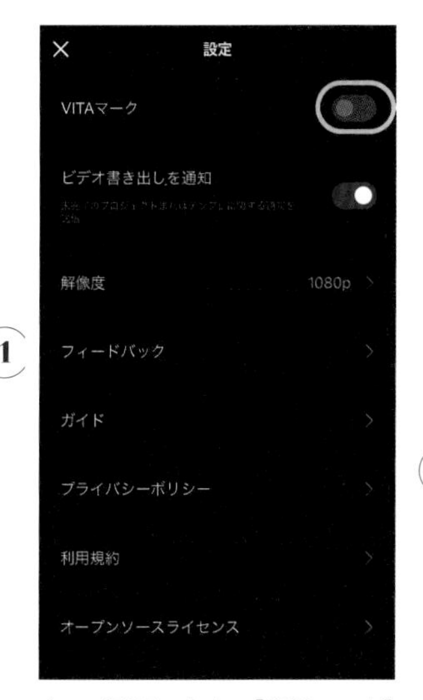

トップ画面で右上の**【歯車マーク】**→**【設定】**で「VITAマーク」をオフにします。オフにしないと、動画にマークが表示されます。

2

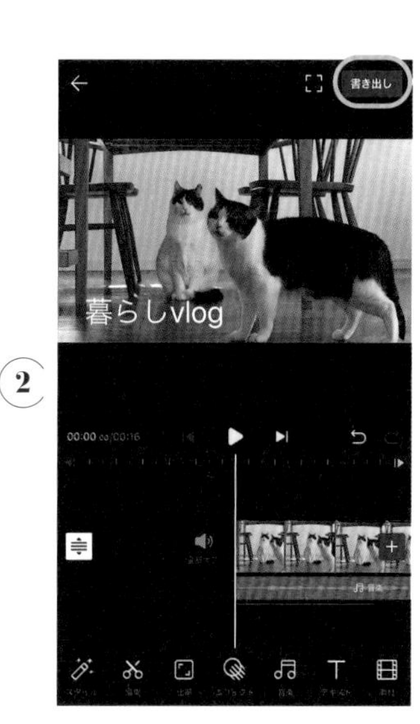

編集画面に戻り、画面右上の**【書き出し】**をタップします。

3

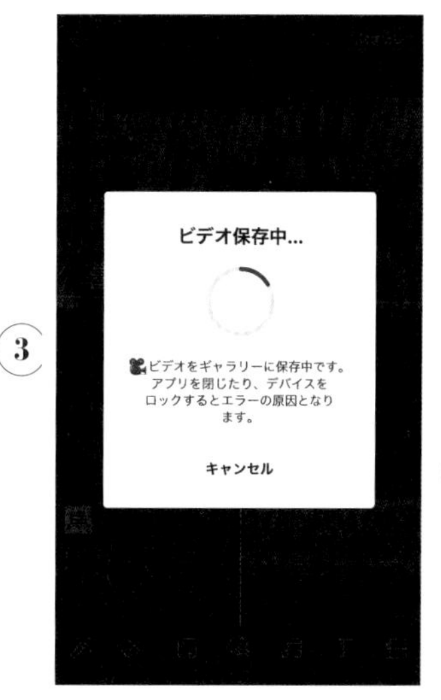

「ビデオ保存中...」と表示され、書き出しがはじまります。

4

書き出しが終わると、「保存済み！」と表示されます。このままYouTubeにアップするときは、画面下の**【YouTube】**をタップ。

楽しい動画にするために

▷ 飽きさせない動画とは

同じ場面を同じ角度から延々と映した動画は単調で飽きます。さまざまな角度で撮った素材、引きや寄りの素材などを組み合わせて構成することで、映像にリズムやメリハリが生まれ、完成度が高くなります。10分程度の動画でも数十カットの素材をつないで作れば、いくつもの展開があって飽きさせることのないものになるでしょう。

動画編集のポイントはカットだと言われています。不要なものが映っている部分はカット、見どころが長いときは一部を残してカット、騒音が入っているところ、ピントが合っていない部分はどんどんカット……。撮影の段階では長めの尺で撮り、編集の段階で思い切りよくカットしていきましょう。また、暮らしvlogの場合、基本的には時系列でシーン展開していきますが、バランスを見て入れ替えるのもおすすめです。

▷ オープニングとエンディング

オープニングはvlogにとってとても大切です。そのまま動画を最後まで見続けてくれるかどうかはオープニングにかかっているというくらい。内容がわかるような短いハイライトカットをもくじ的に集める、はじまりを感じさせる動画を流す、定型にしていつも同じ映像を流すなどの方法があります。タイトルも定型のタイプ、その都度変化を持たせるタイプなど、本当にさまざまです。

エンディングも個性が出るところ。「ご視聴ありがとうございました」とお礼の言葉、「素敵な一日をお過ごしください」といったメッセージ、動画の締めくくりを感じさせるような映像、毎回決まったエンディング映像……と、いろいろなパターンがあります。いずれにしても、ブツッといきなり終わるよりは映像も音も自然とフェードアウトさせると、余韻をうまく残すことができます。

Column

編集してみた（編集・0）

動画素材をとり込み、全部並べる。

↓

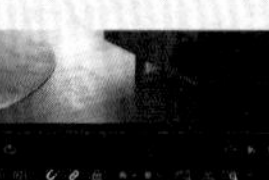

素材を確認しながらひたすらカット。

↓

テロップを考えるのは楽しい作業。

→

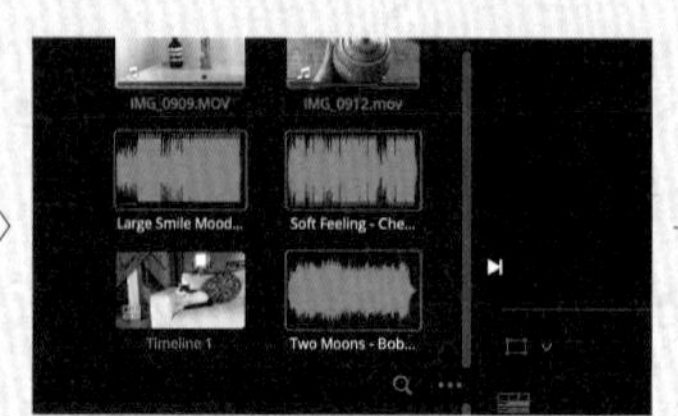

BGMは3曲入れてみた。

→

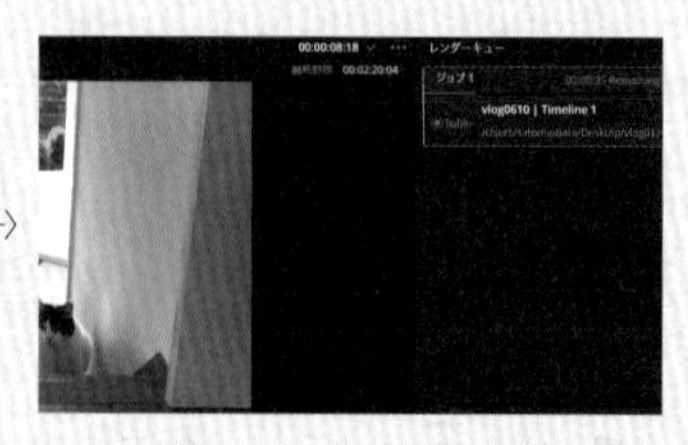

短い動画なので、書き出しも速い。

スマホで撮った素材をパソコンに移し、いよいよ編集。せっかくならプロも使うDaVinci Resolveに挑戦してみよう！　素材をとり込み、タイムラインに並べる。ここまでは簡単。次に、編集のメインとなるらしいカットの作業。動画を確認しながら、いらないところをカットしていく。動きがあまりないところはしっかりカットしたほうがテンポよくなる。カットするときは同じ作業をたくさん行うので、やはりショートカットキーが便利。そして、BGM。YouTubeの「オーディオライブラリ」で探した。曲の頭を聴いていいなと思い入れてみると、途中から雰囲気が変わったりして最初だけよかったということが多い。部分的に使うことにして、長く流さないようにした。それにしても、いろんな時間に撮ったので、映像の色みがバラバラで気になる。次の課題としよう。最後に、書き出し。手順に沿って行うだけなので簡単。書き出し後、いくらでも編集し直せるから、気楽にできる。さて、編集作業をしてみて、「引きや寄りはこう組み合わせるのか」など、テレビの見方がちょっと変わった。奥が深い。

Chapter 3

POSTING

動画を投稿しよう

step 1

アカウントの取得

1

検索サイトなどから、YouTubeのホーム画面を表示します。なお、YouTubeはGoogleが提供するサービスのひとつです。

2

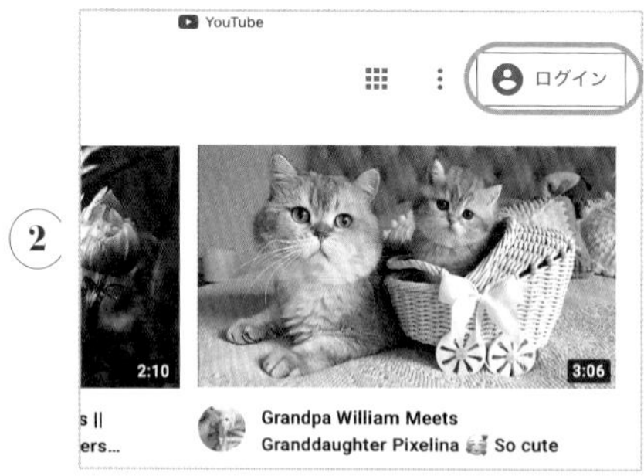

画面右上の**【ログイン】**をクリックします。

3

ログイン画面の小窓が表示されます。

4

【アカウントを作成】をクリックし、**【自分用】**を選択します。なお、Androidのスマホユーザーならアカウント取得済です。

5

アカウントの作成画面が表示されます。氏名やメールアドレス、パスワードを入力し、**【次へ】**をクリックします。

6

電話番号や生年月日、再設定用のメールアドレス、性別を入力して、**【次へ】**をクリックします。

7

「プライバシーポリシーと利用規約」が表示されます。一読しましょう。

8

画面下のほうにある**【同意する】**をクリックします。

9

ホーム画面に戻ります。画面右上のアイコンが変わりました。アイコンをクリックしたあと、**【YouTube Studio】**をクリックします。

10

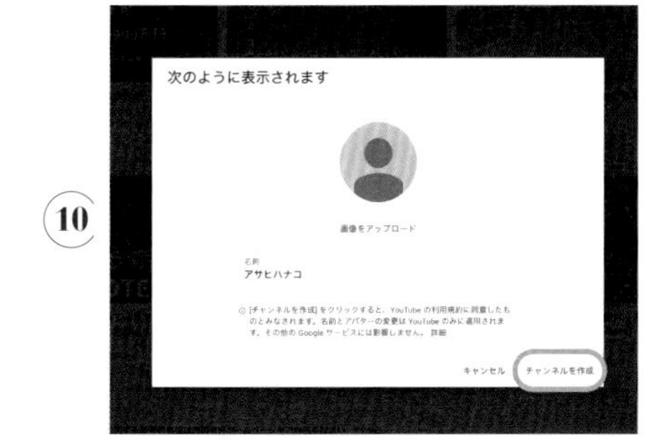

小窓が表示され、画像をアップロードする画面になります。右下の**【チャンネルを作成】**をクリックします。

11

これでYouTube Studioが利用できるようになりました。YouTube Studioでは投稿した動画の編集や管理などを行います。

12

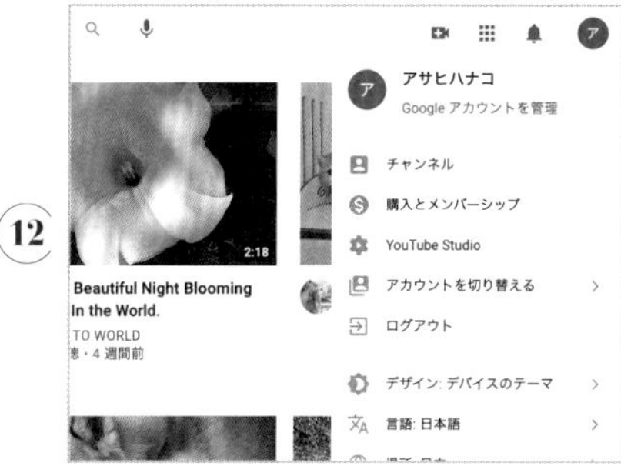

チャンネルが作成され、右上のアイコンが変わりました。

step2 チャンネルを作る

1

YouTubeのホーム画面から、右上にあるアカウントのアイコンをクリックし、表示された項目の中から、**【設定】**をクリックします。

2

「アカウント」画面が表示されました。**【新しいチャンネルを作成する】**をクリックします。

3

「チャンネル名の作成」画面が表示されるので、チャンネル名を入力して、**【作成】**をクリック。チャンネル名はあとで変更できます。

4

新しいチャンネルが作られました。確認するため、**【アカウントを切り替える】**をクリックしてみましょう。

5

チャンネルが2つになっています。ここでアカウントを切り替えることができます。

note

ブランドアカウント

動画を公開するにはチャンネルが必要です。Googleアカウントでチャンネルを作ると名前が公開されるので、別のアカウント（ブランドアカウント）を作成してチャンネルを作成するといいでしょう。本名が表示されないので安心です。なお、アカウント名は自由に設定できます。

チャンネルのカスタマイズ

画面右上にある**【チャンネルをカスタマイズ】**をクリックします。

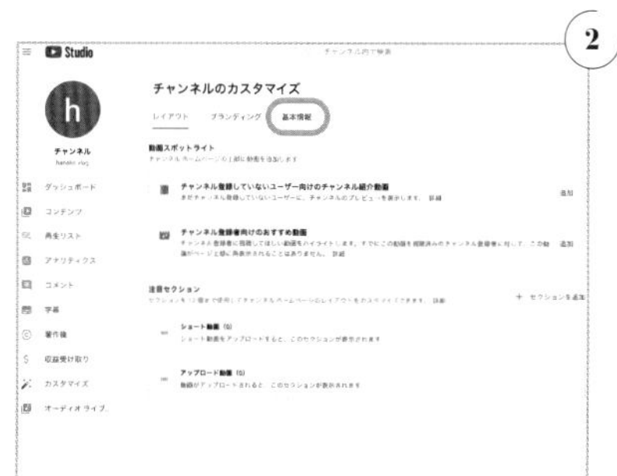

YouTube Studioに切り替わり、「チャンネルのカスタマイズ」画面になります。**【基本情報】**をクリックしましょう。

チャンネルの説明を入力します。入力した内容はチャンネルの**【概要】**に表示されます。なお、説明はいつでも変更できます。

入力が終わったら、画面右上の**【公開】**をクリックします。

チャンネル名を変える

チャンネルのカスタマイズ
レイアウト　ブランディング　基本情報
チャンネル名と説明
hanako vlog
説明
毎日の暮らしを紹介します。

チャンネルのカスタマイズ
レイアウト　ブランディング　基本情報
チャンネル名と説明
ご自身やご自身のコンテンツを表すチャンネル名を入力してください。名前と写
スには反映されません。詳細
名前
ハナコの暮らし
説明
毎日の暮らしを紹介します。

プロセス③の画面から、チャンネル名の横にある**【鉛筆マーク】**をクリックすると、チャンネル名を変更できる画面になります。チャンネル名は、動画の雰囲気やイメージが伝わるようなものにするのがおすすめ。なお、チャンネル名はユーザー名とは異なります。

アイコンに画像を入れる

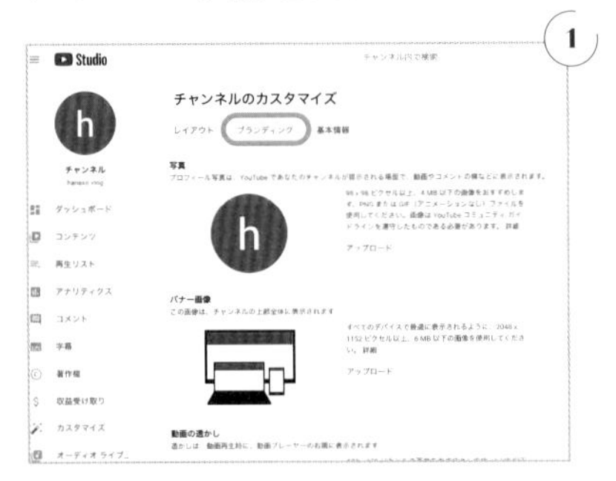

YouTube Studioの「チャンネルのカスタマイズ」画面から、**【ブランディング】**をクリックします。

「写真」の項目にある**【アップロード】**をクリックします。

小窓が出てくるので、使いたい画像を選んで**【アップロード】**をクリックします。

選択範囲をドラッグして決め、**【完了】**をクリックします。

「チャンネルのカスタマイズ」でアイコンを確認できます。右上の**【公開】**をクリックすると、チャンネルのアイコンも変更します。

note

アイコンについて

アイコンはチャンネル名の左に表示される丸い画像。店の看板みたいなものと考え、チャンネル名や内容、動画の雰囲気などに合ったものにしましょう。アイコンの推奨サイズは800×800ピクセルで、最大ファイルサイズは4MBです。アイコンの画像はあとで変更できます。

バナー画像を入れる

YouTube Studioの「チャンネルのカスタマイズ」画面から、**【ブランディング】**をクリックします。

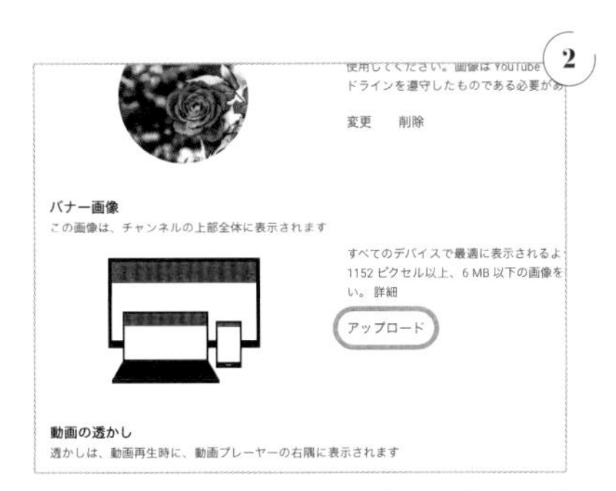

「バナー画像」の項目にある**【アップロード】**をクリックします。

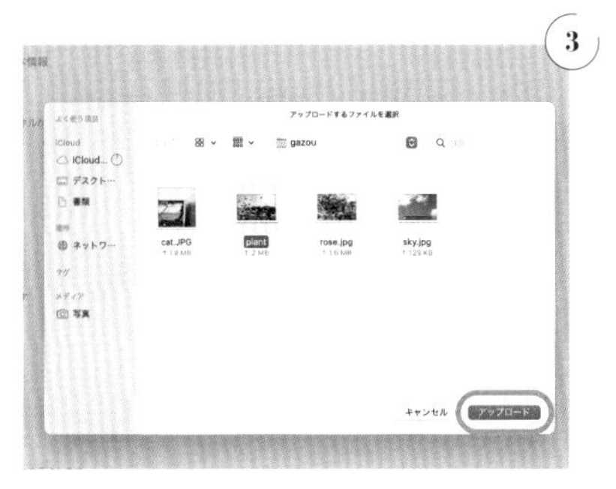

小窓が出てくるので、使いたい画像を選んで**【アップロード】**をクリックします。

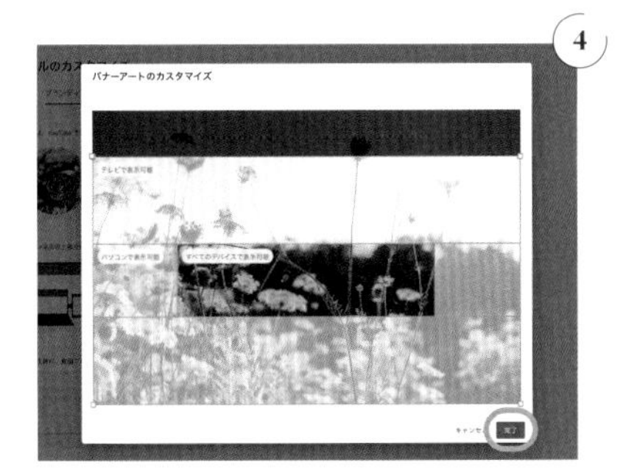

選択範囲をドラッグして決め、**【完了】**をクリックします。そのあと、**【公開】**をクリックしましょう。

左上のチャンネルのアイコンをクリックしてみましょう。バナー画像が入っているのを確認できます。

note

バナー画像とは

　チャンネルページの上部に表示される画像で、「YouTubeチャンネルアート」「YouTubeヘッダー」とも呼ばれています。アイコンと同様、チャンネルのイメージに合ったものを入れましょう。画像のサイズが2048×1152ピクセル以上で、6MB以下のものを使います。

step3 パソコンで投稿

1

YouTubeのホーム画面からアカウントのアイコン→**【チャンネル】**をクリックし、**【動画をアップロード】**をクリックします。

2

アップロード画面が表示されるので、**【ファイルを選択】**をクリック。動画ファイルを直接ドラッグ＆ドロップしてもOKです。

3

投稿したい動画ファイルを選んで、**【アップロード】**をクリックすると、アップロードがはじまります。

4

「詳細」画面が表示され、動画のファイル名が仮タイトルになっています。アップロード中にタイトルや説明などを入力しましょう。

5

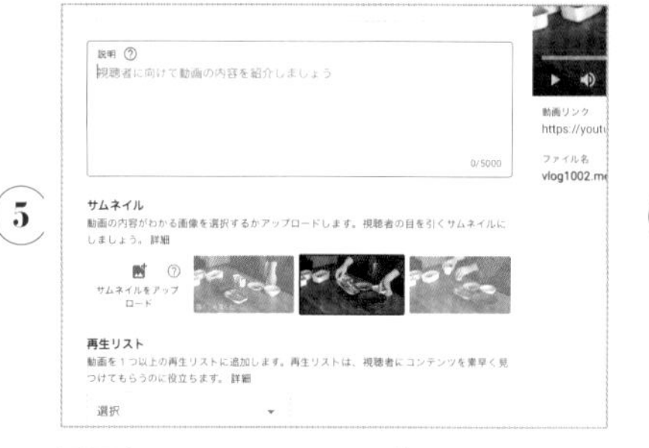

画面を下にスクロールし、「サムネイル」の項目で、表示されている中から使いたいサムネイルを選択して、クリックします。

6

「再生リスト」で**【再生リストを作成】**をクリックしてタイトルを入力し、**【完了】**をクリック。再生リストは作成しなくても構いません。

⑦

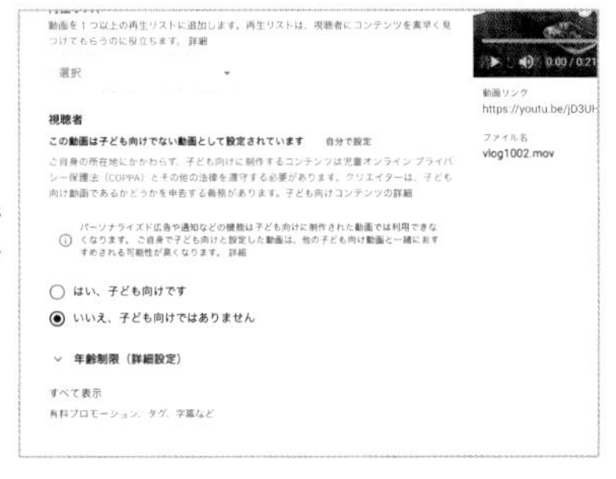

画面を下にスクロールし、「視聴者」の項目で、**【いいえ、子ども向けではありません】**にチェックを入れ、**【次へ】**をクリックします。

⑧

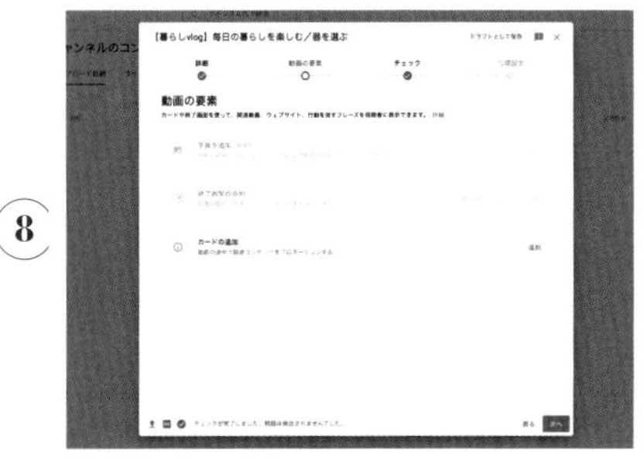

「動画の要素」画面になりますが、そのまま**【次へ】**をクリックします。「チェック」画面もそのまま**【次へ】**をクリックでOKです。

⑨

「公開設定」画面では**【非公開】**にチェックを入れ、右下の**【保存】**をクリック。なお、動画を確認したあとで**【公開】**に変えます。

⑩

アップロードが終わると「チャンネルのコンテンツ」画面に切り替わり、アップロードされた動画が表示されます。

子ども向けかどうか

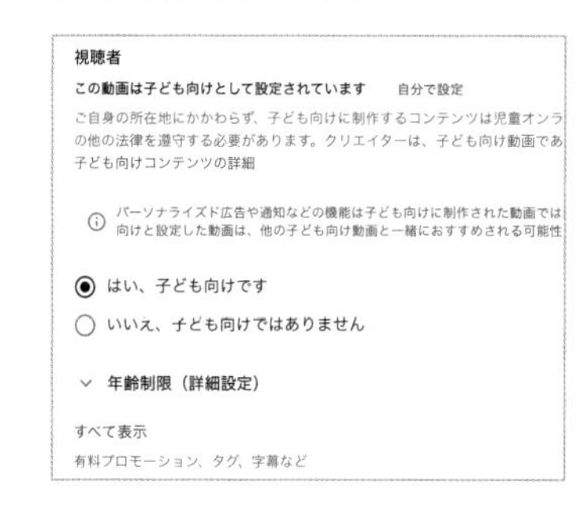

子ども向けの動画の場合はプロセス⑦の「視聴者」の項目で**【はい、子ども向けです】**を選択します。この場合、動画の最後に、ほかの動画や再生リストへのリンクを入れられなくなります。暮らしvlogの場合は、**【いいえ、子ども向けではありません】**でいいでしょう。

step 4 タイトル＆説明

1

YouTubeのホーム画面からアカウントのアイコンをクリック→**【YouTube Studio】**をクリックします。

2

画面左に表示されているリストから、**【コンテンツ】**をクリックします。

3

編集したい動画を選んで、**【鉛筆マーク（詳細）】**をクリックします。

4

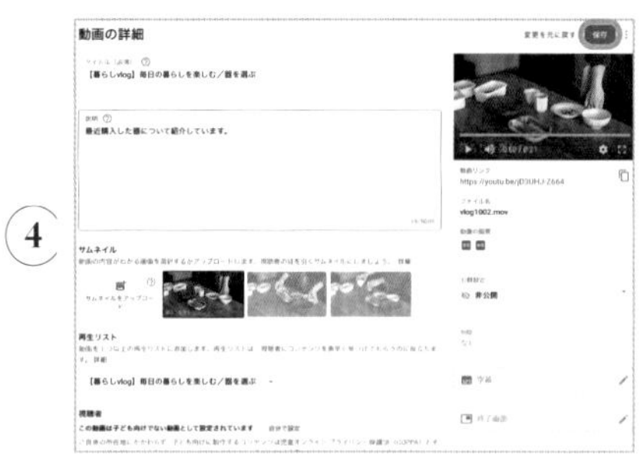

「タイトル」や「説明」に文字を追加で入力したり、変更したりできます。完了したら、画面右上の**【保存】**をクリックします。

TIPS☺

タイトルや説明のポイント

数ある動画の中から視聴してもらうためには、タイトルや説明（「概要欄」とも呼ばれる）が重要です。とくにタイトルはどんな動画であるかを表す重要なもの。視聴者が興味を持ちそうなワードや表現を盛り込みましょう。暮らしvlogの場合は、【暮らしvlog】【暮らしのvlog】などと、はじめにかっこ書きで入れるのもおすすめです。

競合の動画を研究してみるのも有効です。YouTubeで「暮らし vlog」で検索し、視聴回数でソート。リストに上がってくる動画のタイトルは何か、概要文ではどういった内容が紹介されているかを調べましょう。視聴者層に合ったヒントが見つかるはずです。なお、タイトルは動画の内容やサムネイルに合ったものにするのが基本です。

タグを入れる

YouTube Studioの画面で、画面左に表示されているリストから、**【コンテンツ】**をクリックします。

編集したい動画を選んで、**【鉛筆マーク（詳細）】**をクリックします。

画面を下にスクロールし、**【すべて表示】**をクリックします。

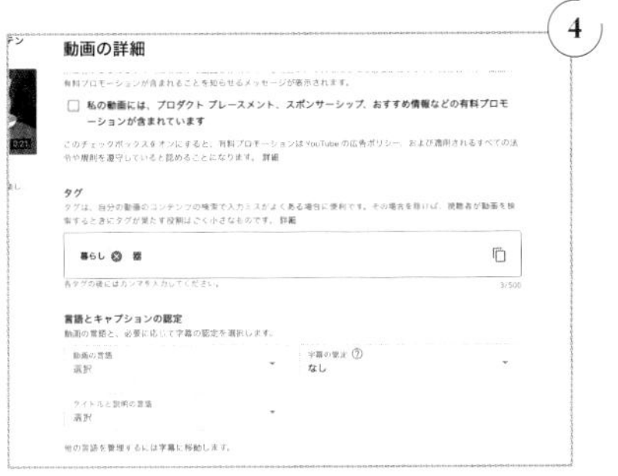

「タグ」のテキストボックスをクリックし、「タグ名，(半角カンマ)」で入力します。完了したら、画面右上の**【保存】**をクリックします。

タグを入れてヒットさせる

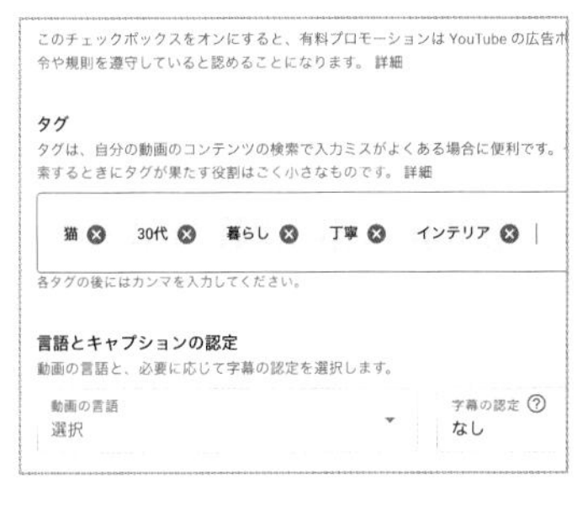

タグを入力しておくことで視聴者が検索したとき、ヒットするきっかけになります。YouTubeでよく検索されている言葉を調べ、動画の内容がわかるようなワードを入れておきましょう。タグは5～6個を目安に、多くても10個程度にするといいでしょう。

step5

公開する

①

YouTube Studioの「コンテンツ」から動画を選んで、**【鉛筆マーク（詳細）】**をクリック。右の「非公開」の横の三角で変更も可能です。

②

「動画の詳細」画面になります。画面右の「公開設定」の「非公開」の右にある三角をクリックします。

③

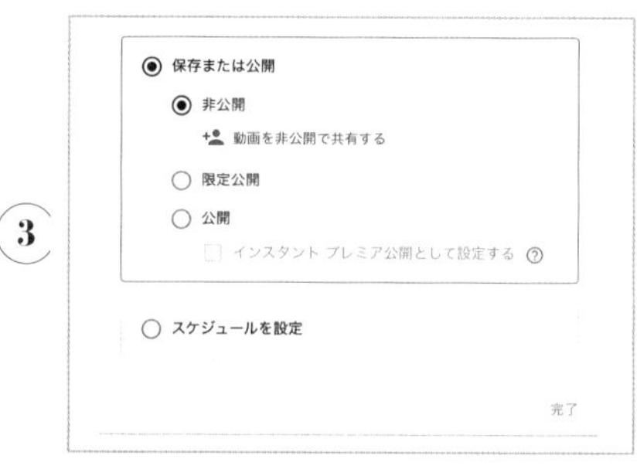

公開するかどうかを選ぶ小窓が表示されます。現在は「非公開」となっています。

④

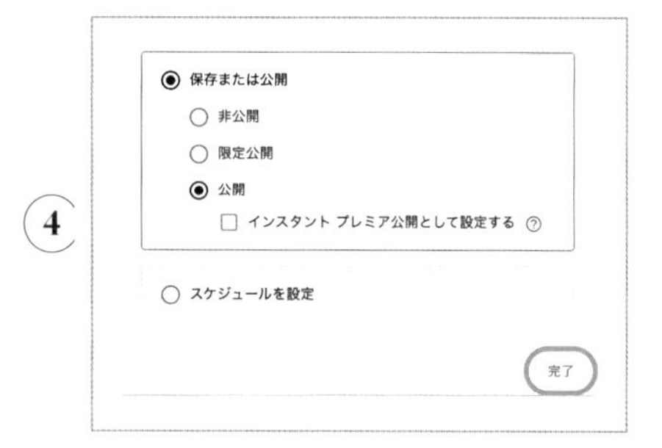

【公開】にチェックを入れ、右下の**【完了】**をクリックします。

⑤

マークが**【公開】**に変わりました。そのあと、右上の**【保存】**をクリックすると、動画が公開されます。

note

非公開から公開に

動画をアップロードしてすぐ公開するのでも構いませんが、タイトルや説明、タグなどをきちんと入力してから公開するほうが安心です。なお、一度公開した動画はいつでも非公開にすることができ、プロセス②で**【公開】→【非公開】**に変更するだけと簡単です。

限定公開

友人だけに公開したい、家族だけで視聴したいなど、特定の人にだけ公開したい場合は、「限定公開」という方法があります。

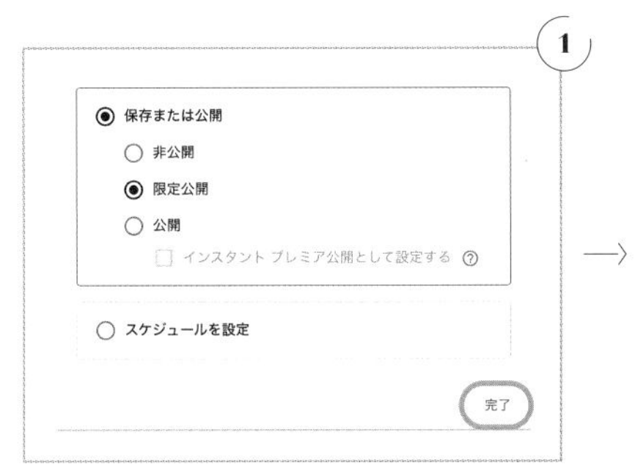

「公開設定」の小窓が表示されたら、**【限定公開】**にチェックを入れ、右下の**【完了】**をクリックします。

限定公開になりました。「動画リンク」の下のURLをメールなどで知らせましょう。URLを知っている人だけが視聴できます。

予約投稿

多くの人に見てもらうためには動画を公開する時間も大切です。公開する日時を設定することで、その日時に自動的に公開されます。

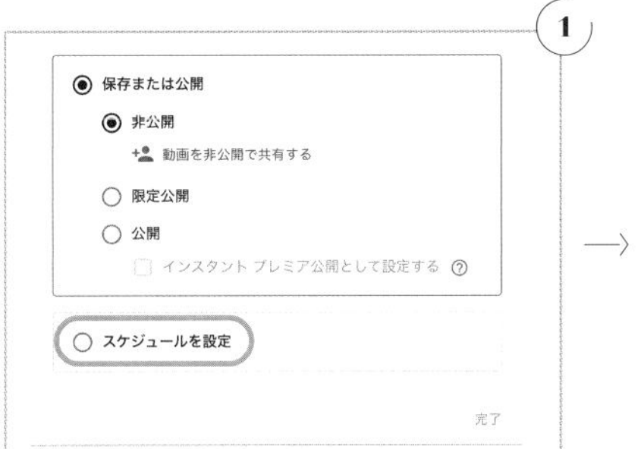

「公開設定」が「非公開」になった状態で、**【スケジュールを設定】**にチェックを入れます。

小窓が表示されるので、日付と時刻を設定し、右下の**【完了】**をクリックします。公開設定のところは「公開予約」と表示されます。

step 6

サムネイル

サムネイルは動画の顔

サムネイルは動画の顔的な存在で、YouTubeのホーム画面や検索画面などに並びます。動画を視聴してもらえるかどうかはサムネイル次第なので、とても重要な要素と言えます。動画をYouTubeに投稿すると、動画の先頭付近が自動的にサムネイルとして表示されます。投稿に慣れないうちはそのままでもOKですが、慣れてきたらサムネイルを自分好みに変更していきましょう。それが「カスタムサムネイル」。カスタムサムネイルを使うには、YouTubeの初期設定を変更する必要があります（右ページ）。

サムネイルは一般的には、画像処理ソフトなどで作ります。使う画像はあらためて写真として撮ったり、動画の中の気に入った部分をキャプチャーして静止画を作ったりし、文字をのせていきます。作るときのポイントは動画のイメージや雰囲気にできるだけ近づけること。また、興味を引くようなフレーズや単語を入れると、ヒットの可能性が高くなります。「Canva」など、サムネイルが簡単に作れるウェブサービスもあるので活用するといいでしょう（右ページ）。

サムネイルの変更

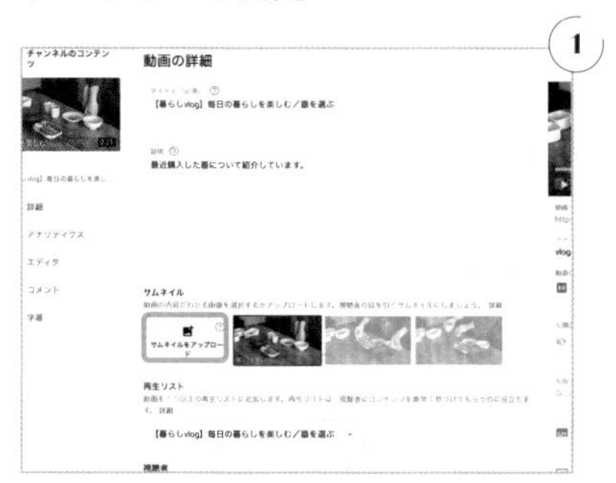

YouTube Studioの【コンテンツ】→【詳細】で「動画の詳細」画面に。「サムネイル」の【サムネイルをアップロード】をクリックします。

カスタムサムネイルを追加するためには初期設定の変更が必要で、そのための電話確認があります。【確認】をクリックしましょう。

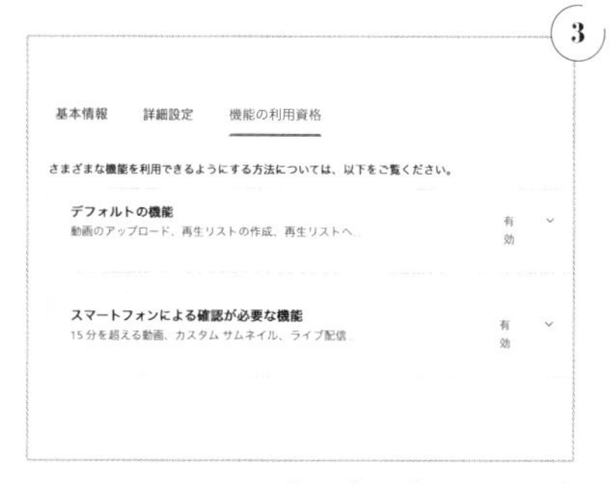

YouTube Studioの【設定】→【チャンネル】→【機能の利用資格】で、カスタムサムネイルが使えるようになったかを確認できます。

再びプロセス①を行い、画像を選んで【アップロード】をクリックしましょう。画像サイズは1280x720ピクセル、2MB以下です。

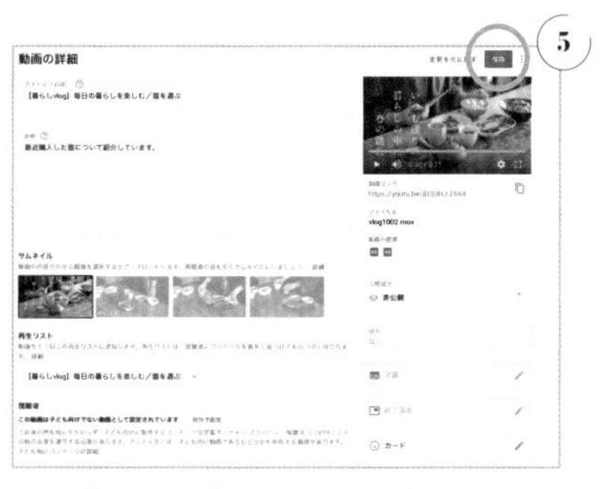

アップロードが終わると、一番左にカスタムサムネイルが表示されます。選択して、画面右上の【保存】をクリックします。

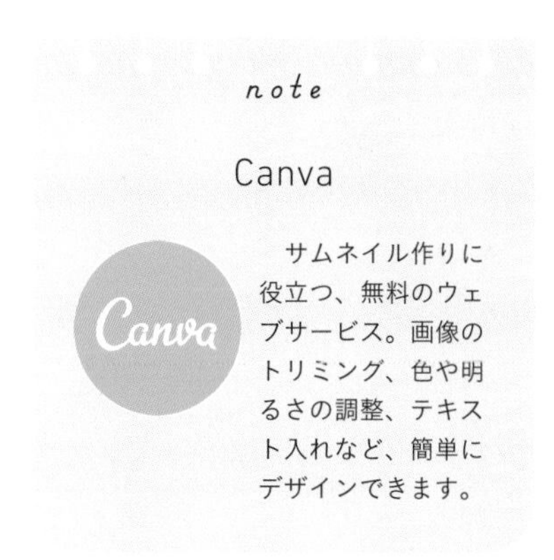

サムネイル作りに役立つ、無料のウェブサービス。画像のトリミング、色や明るさの調整、テキスト入れなど、簡単にデザインできます。

動画の管理

動画を削除する

YouTube Studioを開き、画面左に表示されているリストから、**【コンテンツ】**をクリックし、動画を表示します。

削除したい動画を選んで、**【3つの点マーク(オプション)】**をクリックします。

小窓が表示されるので、**【完全に削除】**をクリックします。

削除していいかを確認する小窓が表示されます。

□にチェックを入れ、**【完全に削除】**をクリックします。

note

削除した動画

公開設定を「非公開」にすることで動画が公開されることはありませんが、リストからも消したい場合は、簡単な操作で削除できます。いったん削除すると再公開できなくなるので、もとの動画はパソコンや外づけハードディスクなどに保存しておくといいでしょう。

コメント欄を承認制にする

YouTube Studioを開き、画面左に表示されているリストから、**【コンテンツ】**をクリックし、動画を表示します。

編集したい動画を選んで、**【鉛筆マーク（詳細)】**をクリックします。

画面を下にスクロールし、**【すべて表示】**をクリックします。

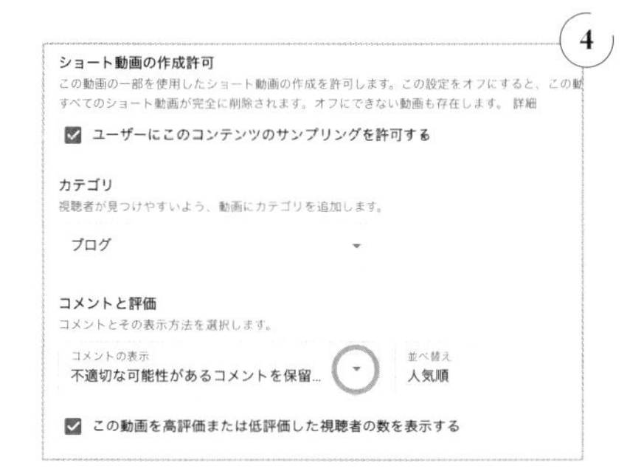

「コメントと評価」の項目で、**【不適切な可能性があるコメントを保留...】**の横の三角をクリックします。

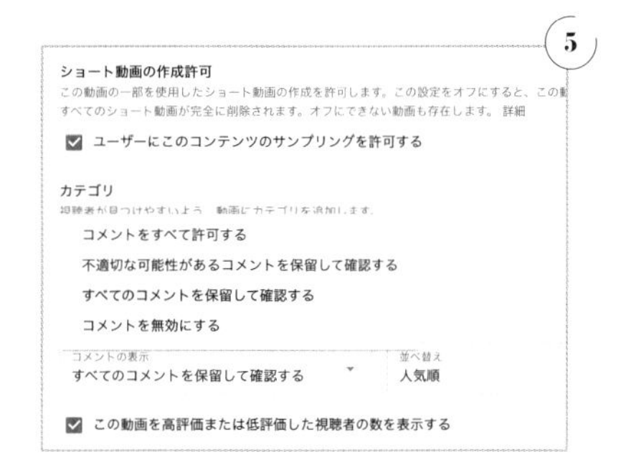

小窓が表示されるので、**【すべてのコメントを保留して確認する】**を選び、画面右上の**【保存】**をクリックします。

note

コメント欄の扱い

コメント欄を承認制にすると、寄せられたコメントを表示させる前に確認することができます。承認しないコメントは表示されないので、誹謗中傷などの対応策として有効です。なお、コメントは**【コメント】**をクリックし、**【確認のために保留中】→【承認】**で公開されます。

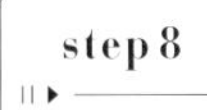

再生回数アップ

ウェブサイトとつなぐ

1 YouTube Studioを開き、画面左に表示されているリストから、**【カスタマイズ】**をクリックします。

2 **【基本情報】**をクリックしましょう。

3 「リンク」の項目で、**【リンクを追加】**をクリックします。

4 小窓が開かれるので、SNSなどのリンクのタイトルとURLを入力します。完了したら、画面右上の**【公開】**をクリックします。

5 チャンネルページの**【概要】**を見ると、入力したリンクが表示されていることを確認できます。

note

SNSとつなぐ

TwitterやFacebook、Instagram、ホームページ、ブログなどは、この方法で連携させることができます。SNSの側にもYouTubeのチャンネルのアドレスを貼りつけ、連携させるのもおすすめ。さらに、SNSで事前に投稿する日にちや時間を知らせて宣伝するのもいいでしょう。

キーワードの設定

YouTube Studioを開き、画面左下の**【設定】**をクリックします。

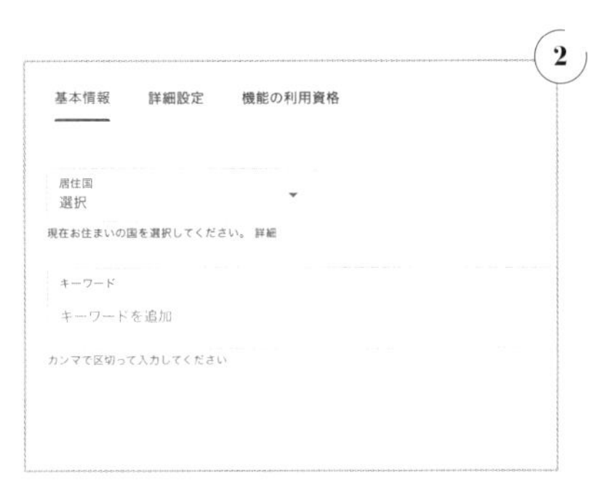

「設定」の小窓が表示されます。**【チャンネル】**→**【基本情報】**をクリックし、「キーワード」の項目にキーワードを入力していきます。

複数入れるときは、キーワードのあとに「,(半角カンマ)」を入れながら入力します。完了したら右下の**【保存】**をクリックしましょう。

note

キーワードを入れる

キーワードはチャンネルの特徴を表すもので、ジャンルやカテゴリ、関連ワードなどのこと。チャンネルページの概要欄などにキーワードが表示されるわけではありませんが、実際には、YouTubeで視聴者が検索するときに使われています。設定しておくことで、投稿した動画がヒットする確率が高くなるというわけです。

note

タイトルやサムネイルを変える

まず、どんなワードがよく検索されているかをリサーチすることからはじめましょう。具体的には、YouTubeの検索欄にワードを入れてみます。たとえば、「キッチン」と入れると、その後ろに「(スペース)○○」とワードが出てきます。それらが検索されやすいワードということ。そのワードをタイトルやサムネイルに入れてみましょう。

スマホで投稿

①

YouTubeのアプリを起動して自分のアカウントでログインしたあと、画面下にある**【+】**をタップします。

②

【動画のアップロード】をタップします。

③

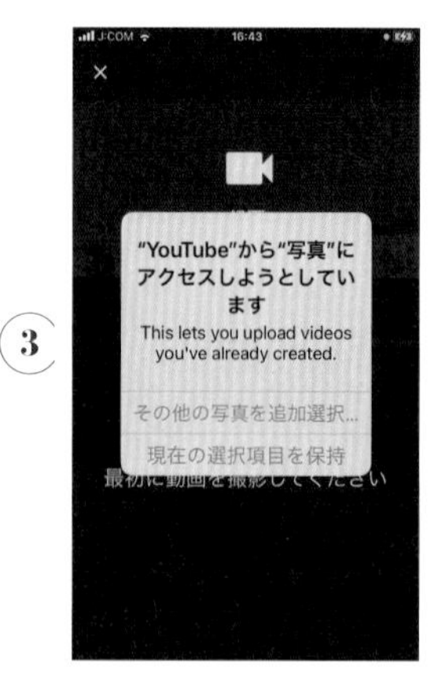

【その他の写真を追加選択...】をタップします。

④

投稿したい動画ファイルをタップして選択し、画面右上の**【完了】**をタップします。

⑤

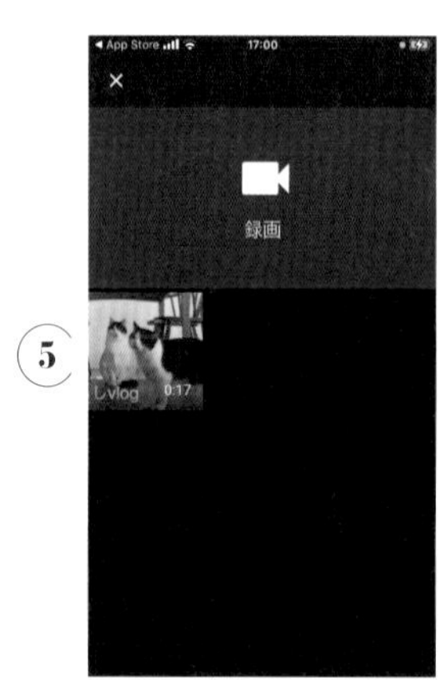

選択した動画がとり込まれました。動画をタップしましょう。

⑥

動画が再生されます。右上の**【次へ】**をタップします。

7

「詳細を追加」画面になります。**【タイトルを入力】**をタップします。

8

タイトルを入力し、**【説明を追加】**をタップして同様に説明も入力。「公開」では**【非公開】**を選び、**【次へ】**をタップします。

9

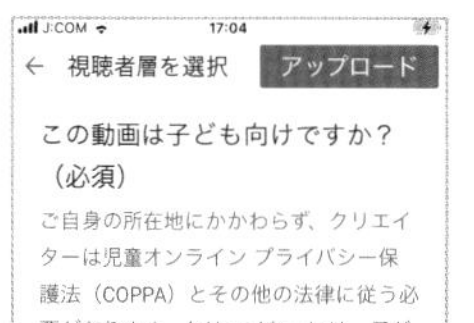

「視聴者層を選択」画面では、**【いいえ、子ども向けではありません】**を選び、右上の**【アップロード】**をタップします。

10

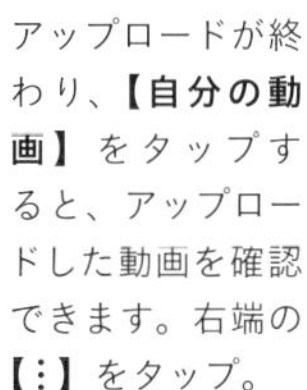

アップロードが終わり、**【自分の動画】**をタップすると、アップロードした動画を確認できます。右端の**【⋮】**をタップ。

11

下半分にリストが表示されるので、**【編集】**をタップします。

12

タイトルや説明を追加や変更したり、公開・非公開などを変更できます。右上の**【保存】**をタップすると反映されます。

収益について

▷ 収益を得るには条件がある

YouTubeの動画を見ていると広告が表示されますが、YouTubeはこのように広告によって収益を得て、その一部を動画投稿者に分配しています。収益を得るには一定の条件があります。まず、「YouTube パートナー プログラム（YPP）」への加入。加入の条件は過去12カ月間の総再生時間が4000時間以上で、チャンネル登録者数が1000人以上です。総再生時間はYouTube Studioの「アナリティクス」の「概要」で確認できます。次に、「Google AdSense（グーグルアドセンス）」への申し込み。加入条件は年齢が18歳以上であることです。以上の申し込みはYouTube Studioの「収益受け取り」の項目で行えます。

条件が揃えば、チャンネルの収益化の設定をします。具体的には広告を表示する種類などの設定。たとえば5秒経つとスキップできる「動画広告」、スキップできない「バンパー広告」、動画の下部に帯状に表示される「オーバーレイ広告」などがあります。ここで知っておきたいのが、動画投稿側が広告を指定できないということ。広告はさまざまなデータをもとに自動で選ばれます。ただし、設定を行うことで特定のカテゴリや特定の広告主のドメインを除外ブロックすることは可能です。条件をクリアして収益化が設定できると、過去28日間の収益化の状況をチェックできます。

▷ 広告収入は再生回数などによる

広告収入はどれくらいなのか目安を知りたいという人も多いでしょう。YouTubeの広告の収益は、1再生数につき単価が0.05円～0.1円だと言われています。これはあくまで目安であって、動画のジャンルや登録者数、広告の種類によって単価は変わり、一概には言えません。収益は広告単価×再生回数×広告視聴回数となります。

投稿してみた（編集・0）

Column

チャンネルのアイコン画像を選ぶ。

↓

バナー画像も入れ、チャンネル完成。

↓

動画が作成できたら、YouTubeへの投稿。YouTube用のアカウントを作って、チャンネルを開設してみる。チャンネルのアイコンにどんな画像を持ってくるか迷うけれど、結局、愛猫に。いつでも変更できるので、まずはお試し……という気持ちで。タグをつけたりキーワードを登録したりは、おいおいしていこう。サムネイルは「Canva」で作ってみた。テンプレートを使って作ったのだが、とても簡単だ。チャンネルの体裁をなんとなく整え、動画をアップロード。たった3分くらいの動画だが、結構時間がかかるんだという印象。アップロードしている間にタイトルや説明をプラスしていく。アップロードが完了してYouTubeで見てみると、ちゃんと再生できた！　まずは限定公開にし、友人や家族にURLを知らせて見てもらおう。チャンネルを開設したばかりだし当然なのだが、「チャンネル登録者数なし」の表示を見るたび寂しい。けれど実際、登録者数0〜100人が全体の約60％らしいし、収益化できる登録者数1000人超えのチャンネルはたった15％と聞く。まずは登録者数100人を目標に！

アップロード中〜。説明も追加。

→

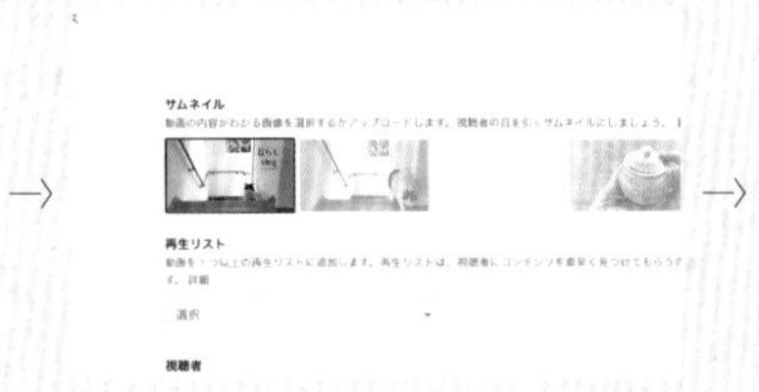

作ったカスタムサムネイルが入った。

→

YouTubeで自分の動画が流れてる！

Chapter 4

WATCHING

人気vlogから学ぼう

futaba

PROFILE
3LDKのマンションに夫と2人暮らし
カメラ：SONY αNEX-5R
編集ソフト：DaVinci Resolve

しっとりした映像でゆったりと

食器や道具、家具など、ひとつひとつこだわって選んだものと暮らすfutabaさん。もともと器と古道具の店の店主だっただけあって、家のあちこちに日本をはじめ、中国やヨーロッパなどの古いものがたくさん置かれています。そんなfutabaさんのvlogは雰囲気のある色み、流れるような映像、そして、ゆったりした音楽で独特の世界観が感じられます。

futabaさんが撮影に使うのは少し古いコンパクトカメラ。カメラが小さいおかげで狭い台所などでも邪魔にならず、移動も苦にならないのだとか。動画撮影は独学で、「感覚で撮っている」そうです。マニュアルフォーカスとオートフォーカスを半々くらい、尺は20秒くらいの短いものから5分くらいの長いものまで、いろいろ撮ります。13～14分くらいのvlogを作ることが多いそうで、1本の動画のために撮るのは150カット！　どの場面を使うかは編集のときに決め、それでも実際に使うのは80～90カットにもなるのだとか。

vlogをはじめたころは日常を淡々と流していましたが、途中からテーマを決めて展開するスタイルに。どちらも、1本の映画を見ているような満足感が残ります。

OPENING

ENDING

［上］満開の桜を見上げて。［下］昼食は前日の余ったおかずで簡単に。

こだわりの道具や雑貨たち
お気に入りに囲まれる暮らし

[左上] あらゆる収納にかごは大活躍。[右上] かごと同じく、箱も欠かせない道具です。[左下] ささっと食べる日もあれば、のんびり食べる日も。[右下] ひとつひとつ時間をかけて選んだものたち。

家仕事を少しずつ積み重ねていく

1

4

2

5

3

6

1. 割れた器には金継ぎを施して、新たな命を吹き込む。**2.** 花器の土の素朴な質感とみずみずしい草花の対比が美しい。**3.** 季節の仕事。新生姜の甘酢漬けを仕込む。**4.** 週末は洋の食事を楽しむ日。**5.** お菓子作りは自分にとって特別な時間。**6.** 春の山菜。季節の恵みに感謝しながらいただく。

7

8

9

10

11

12

7.無心になってハイキング。いつまでも、どこまでも歩ける。 **8.**趣味のキャンプは、のんびり過ごすことを優先。 **9.**ハイキング中の小休止。ゆったりと広がる景色を眺めて、日々の疲れを癒す時間。 **10.**炎のゆらぎをぼうっと眺める。家の中では味わえないひととき。 **11.**友人の家で梅の実や野菜を収穫。 **12.**処方してもらったハーブティー、体に沁み渡る。

自然に身を置く、誰かに会いに行く

建築家二人暮らし

PROFILE
東京のワンルームマンションに夫婦2人で暮らす
カメラ：SONY α7III
編集ソフト：Adobe Premiere Pro

小さな家で、豊かに暮らす

「生活に身近なインテリアを中心に、日々の暮らしにおける快適性について、考えていることを発信したい」というのが、建築家二人暮らしさんがYouTubeをはじめたきっかけ。インテリアのコツ、ものの選び方やつき合い方、暮らしを快適にする道具など、建築家というプロの視点で教えてくれます。ほかにも、料理や掃除といった家事のvlog、街に出て建物や店を訪れるvlogなど、ジャンルは多彩です。そのため、ある程度カテゴリーがわかるように、【インテリアのコツ】や【持たない暮らし】など、共通のタイトルを入れるようにしているのだとか。

建築家二人暮らしさんが1本のvlogを作るのにかける時間は、撮影に2日程度、編集に2日程度。撮影する前にはラフにシナリオを作るそうです。撮影の際に気をつけているのは、「わかりやすいかどうか」。とくにインテリアのhow toポイントを紹介するときは、わかりやすさが大切です。そのため、全体が映るカットと部分のカットを織り交ぜながら作るようにしているのだとか。

さて、建築家二人暮らしさんのvlogと言えば休憩カット。愛猫のBooがときどき登場して、見る側を癒してくれます。動画のいいアクセントにもなっています。

OPENING

ENDING

［上］畳ベッドの布団を畳めば、小上がりのくつろぎの場。リビングの一部として活用できるので、部屋を広く使える。［下］窓際のデイソファは、日向ぼっこしながら横たわれる心地よさ。

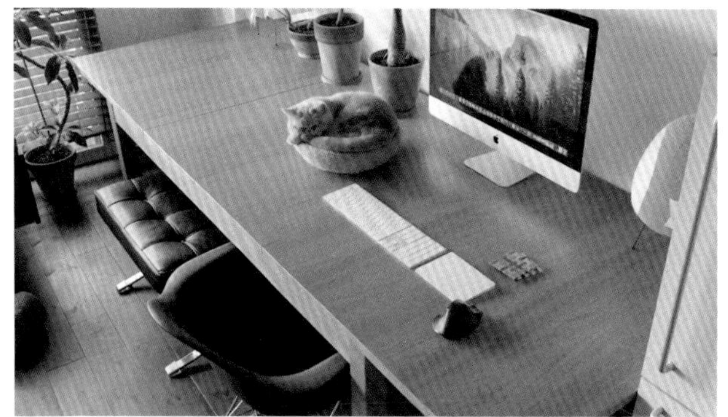

工夫されたインテリア空間で
快適に心地よく過ごす

[左上]食卓テーブルをハイカウンターにすれば調理台に。[右上] デスクを思い切って標準より大きくする。[左下] 畳ベッドでお茶をしたり、本を読んだり。[右下] コーヒーテーブルを手放した代わりに、小回りのきくサイドテーブルを。

私流の家事やもの選び

1.一日のはじまりは、神棚へのごあいさつから。 2.ハンガーがけ以外は、畳まず収納ボックスへ。 3.このお皿に盛ったら料理がおいしそう。そんな目線でお皿を選ぶ。 4.掃除が苦手でも、「ここさえきれいだと気持ちがいい」という感覚だけ大事に。 5.飲みたくなるグラス。五感が潤う定番アイテム。 6.お灸をとり入れて、自分の体が温まる感覚を実感する。

1

4

2

5

3

6

食や趣味を楽しむ時間

7

8

9

10

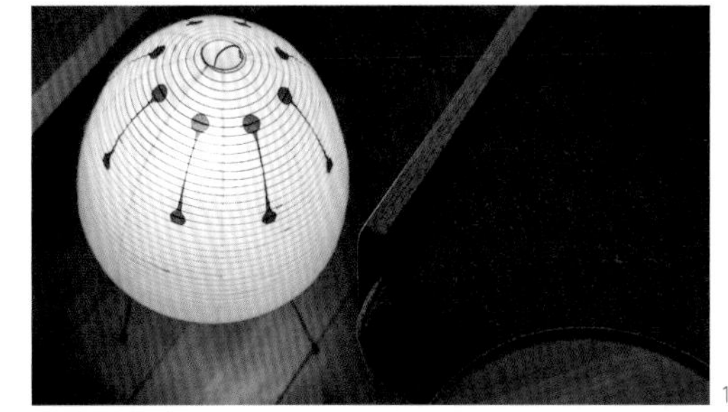
11

12

7.仕事のon/offが切り替えられるよう、目線の先に緑をとり入れる。 **8.**在宅時間が増えると食卓を囲む時間が増える。 **9.**素材そのものを生かした料理はおいしく簡単に楽しめる。 **10.**キャンプはいい景色とおいしいごはんを楽しむ贅沢を堪能。 **11.**曇り空や夕方以降の暗い部屋は、最小限のあかりで。 **12.**居心地のいい場所を探すのも街歩きの醍醐味。

趣味は、暮らし。-多香 / taka-

PROFILE
築40年のマンションに夫、息子2人と暮らす
カメラ：SONY α7C
編集ソフト：Final Cut Pro

等身大の日常をありのままに

「日常をありのまま自然に」というコンセプトのとおり、日々の暮らしをそのまま切りとって紹介している、趣味は暮らしさん。チャンネルの軸は、「人」「料理」「器」「キッチン（アイテムも含む）」の4本。実際、料理シーンや食べているシーン、食後の片づけシーンがよく登場します。料理は食材を切って加熱して、味つけして盛りつけて……と流れで見せてくれ、しかも、どれも簡単でおいしそう！　たこ焼き器でアヒージョやシューマイ、肉巻きおにぎりなんてアイデアも。まねしたくなるレシピがたくさん登場します。ときどき映される、家族で食卓を囲むシーンは笑い声が聞こえてきそうなほど楽しそう！

　趣味は暮らしさんが編集時に意識しているのが、「自分の求めるわが家色」のイメージで統一すること。たしかに、1本の動画が温かい空気に包まれているような色みになっています。

　語りかけてくるようなテロップも、趣味は暮らしさんの大きな魅力。家におじゃまして近くでおしゃべりを聞いているような、そんな親近感を視聴者に抱かせてくれます。考えていること、悩んでいること、迷っていることなどを共有できて、視聴後は心がすっと軽くなります。

OPENING

ENDING

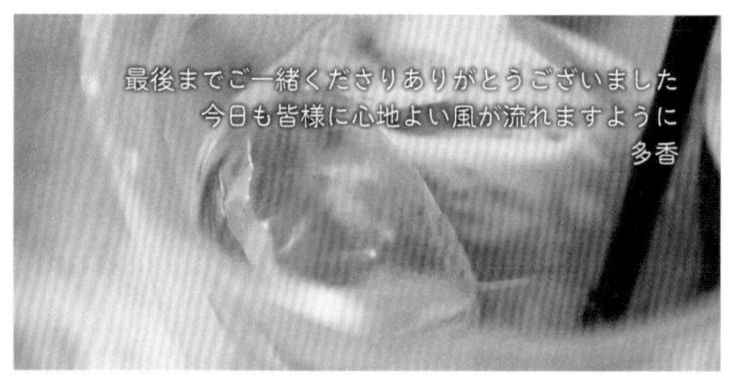

［上］キッチンの照明器具たち。［下］暑い日にいれるアイスティーは身も心もホッとさせてくれる。

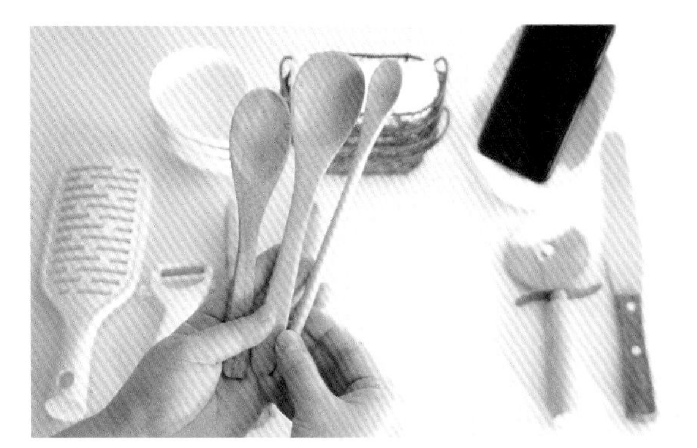

キッチン、器、道具……
そして、笑い声が聞こえてくる食卓

[左上] 夕飯の支度。エプロンをつけると気持ちが引き締まる。[右上] 多感な年ごろの息子たちとの会話が弾むよう、テーブル料理をとり入れる。[左下] 百均で購入したキッチンアイテム。[右下] 遅めのブランチ。カフェの気分を自宅でも。

好きなものやおしゃれ

1

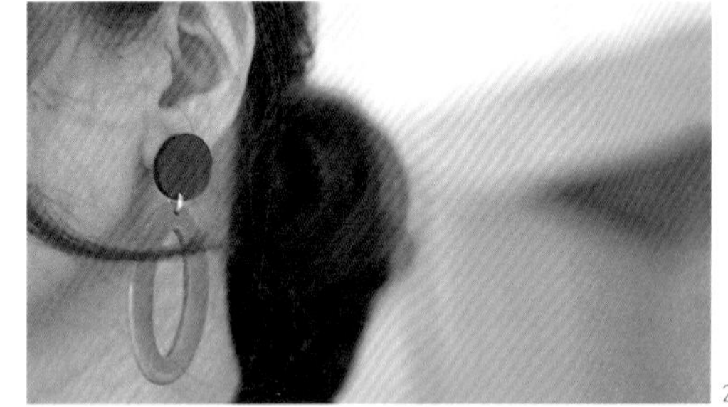

2

3

4

5

6

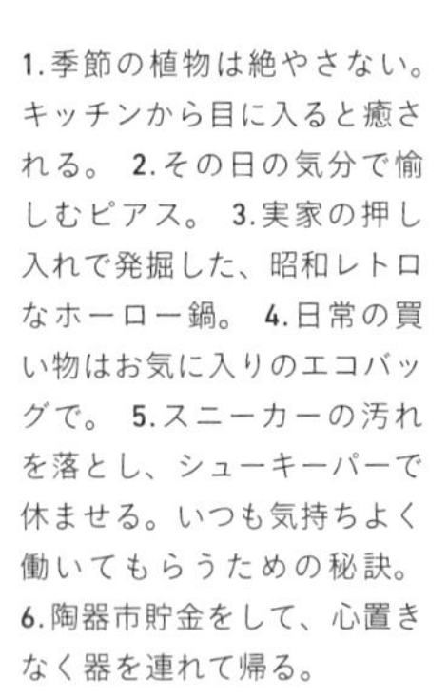

1. 季節の植物は絶やさない。キッチンから目に入ると癒される。 **2.** その日の気分で愉しむピアス。 **3.** 実家の押し入れで発掘した、昭和レトロなホーロー鍋。 **4.** 日常の買い物はお気に入りのエコバッグで。 **5.** スニーカーの汚れを落とし、シューキーパーで休ませる。いつも気持ちよく働いてもらうための秘訣。 **6.** 陶器市貯金をして、心置きなく器を連れて帰る。

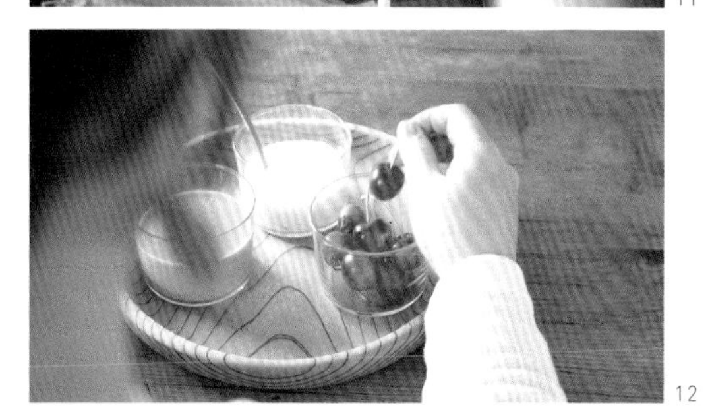

7.サラダの盛りつけは、好きな料理の工程。 8.キッチンリセットは、頭の中の思考を整理するのにも役立つ時間。9.季節の食材を積極的にとり入れる。 10.冬は窓の外のイルミネーションを眺めながら食事をするのがお気に入り。11.家族が大好きな「せり鍋」。根っこがとてもおいしい。12.朝のほっとひと息できるひとり時間は、心を整えるのに役立つ。

キッチンは大好きな場所

島のおばあちゃんちで暮らす

PROFILE
種子島の古民家に妻、猫3匹と暮らす
カメラ：SONY α6600
編集ソフト：Adobe Premiere Pro

スローな暮らしをイキイキと

　都会とは違うゆっくりした時間の流れ、人と人との距離の近さ、心を癒してくれる自然……と、「田舎で暮らすっていいなぁ」と思えてくるvlog。畑で野菜を育てる、家を修繕する、家具をリメイクする、海で貝を拾うなど、島での暮らしが紹介されています。島のおばあちゃんちで暮らすさんが大切にしているのが、「生き方や価値観をいかに伝えられるか」。人柄や生き方がにじみ出るようなvlogを目指しているのだそうです。

　vlogを作るときは大まかな流れを書き出してから行うと言う、島のおばあちゃんちで暮らすさん。事前に構成をまとめておくことでスムーズに撮影できるうえ、伝えたいことが明確になります。撮影では飽きさせない映像になるよう、遠景と中景、近景を織り交ぜることを意識しているのだとか。編集にもこだわりがあり、きれいに撮れたシーンでも動画の流れに関係ないものはカット。視聴者目線で編集するようにしています。

　文字とBGMもポイントです。文字からはその瞬間瞬間で感じた素直な気持ちが伝わってきます。そして、BGMはエンディングでボリュームアップ。じんわりと余韻が残るvlogになっています。

OPENING

ENDING

[上]朝食の準備。[下]縁側で妻と食べるとうもろこし。

自然の中で暮らす気持ちよさ
人の温かさを感じる暮らし

[左上] 窓から外を眺める猫たち（場面転換時は猫の映像を挿入することが多い）。[右上] みそ作り（隣に住む義叔母や地域の人との交流）。[左下] 海を眺める（島の風景）。[右下] サビをとった包丁で野菜を切る（画面分割でテンポよく）。

なんでも作ってみる

1

2

3

4

5

6

1.秋の夕空。 **2.**アラジンストーブで暖をとる。 **3.**倉庫でDIY。 **4.**DIYしたこたつで温まる。 **5.**パンにクープを入れる。 **6.**デスクで家具について考える。

はじめてのことが楽しい

7

10

8

11

9

12

7.4時間かけて作った夕食。 **8.**神社で木の実拾い。 **9.**さとうきびの収穫。 **10.**ハンモックから飼い主を眺める猫。 **11.**チキンバーガーを作る。 **12.**設置したガラス戸を寝室から見る。

pokkoma life

PROFILE
マンションに夫婦2人で暮らす
カメラ：iPhone 11 Pro
編集ソフト：FilmoraX

スマホで気負わず、普段を撮影

pokkoma lifeさんがYouTubeをはじめたのは60歳を過ぎてから。当初は登録者数や再生回数が伸びず、落ち込んだり悩んだりの繰り返しだったと言います。しかし、動画は子どもや孫に自分の日常を遺したいと思ってはじめたもの。自分が楽しむためのもの。そう気持ちを切り替えてからは、自分自身がとことん楽しむことに重きを置き、動画作りを満喫しているのだそうです。

構成は考えずに、まずは撮影するのがpokkoma lifeさん流。日常の姿や様子、していることをそのまま撮影します。気をつけているのは雑多なものが映り込まないようにするくらい。カットがたまったら、構成を考えて編集します。料理や掃除など普段の家事から、季節の行事を楽しむ様子、読書や植物の世話、お菓子作り、散歩やカフェなど外出シーン……。ときには小さな孫も登場します。いろんなシーンがあって、暮らしを楽しんでいる様子が視聴者にストレートに伝わってくるvlogです。

さて、pokkoma lifeさんの動画の説明欄はとても丁寧です。あいさつや視聴を感謝する言葉からはじまって、手紙のような文が続き、もくじの役割を果たすタイムテーブル、さらに、くわしいレシピも載せています。

OPENING

ENDING

[上] はじめての動画1作目のサムネイル。偶然撮影した写真に文字がうまく配置できた、思い出の一枚。[下] 友人が送ってくれた、誕生日祝いの花を記念の一枚に残した。

毎日を気持ちよく過ごす
そんな日々を伝える

［左上］嫁のために作った誕生日ケーキ。失敗したって大丈夫！［右上］初夏の季節を感じる日に霊園にて。［左下］日常の記録。部屋の模様替えをしてからパソコンに向かう。［右下］10年ぶりにお気に入りのカフェへ。

1

2

3

4

5

6

1.夫との朝食風景。 **2.**チャンネル登録者様2万人に感謝を込めて贈り物。 **3.**聖夜を迎えて。 **4.**夫のいない日の夜はのんびりと。 **5.**靴箱整理と久しぶりの靴磨き。 **6.**ばぁばの一日。

趣味のお菓子作りと花

7

8

9

10

11

12

7.春の季節を感じる日にれんげ畑にて。 **8.**白宅で過ごすひととき。 **9.**はじめての挑戦、いちご大福。 **10.**久しぶりに訪ねたお気に入りの場所。 **11.**朝のルーティン。お香をたく。**12.**季節の花(シャクヤク) を活ける。

監　修　株式会社ドウガテック

「動画作りをもっと身近に！」をモットーに、動画の作り方を指導・サポートする教育事業会社。2012年開設のウェブメディア『カンタン動画入門』の運営や、動画の作り方教室などを開催。近年高まる動画需要に対し、「自分たちで作る」という方法を提案。
https://douga-tec.com/

内村 航（うちむら わたる）

株式会社ドウガテック代表取締役。映像制作会社などに所属中、プライベートで『カンタン動画入門』を設立、運営。毎月30万人以上が訪問するサイトに成長させる。大学で非常勤講師として動画制作を教えるほか、高校や地方自治体、企業、一般向けにも動画指導を行う。hamochikuの名前で、著書に『逆引きiMovie動画編集』（工学社）。

制作指導・素材提供　futaba

大学卒業後、器を扱う雑貨店に勤務ののち、高校時代を過ごした金沢市で器と古道具の店を開く。閉店後、YouTubeチャンネルを開設し、暮らしの動画を発信中。
https://www.instagram.com/lesmoules___/

STAFF

デザイン　八木孝枝
撮影　谷前治美
校正　関根志野
編集　小畑さとみ
企画・編集　端香里（朝日新聞出版 生活・文化編集部）

暮らしvlogのはじめ方

監　修　株式会社ドウガテック
制作指導　futaba
編　著　朝日新聞出版
発行者　橋田真琴
発行所　朝日新聞出版
〒104-8011 東京都中央区築地5-3-2
電話（03）5541-8996（編集）
（03）5540-7793（販売）
印刷所　図書印刷株式会社

ISBN 978-4-02-334039-8